JIDIAN YITIHUA
JINENGXING RENCAI
YONGSHU

机电一体化技能型人才用书

数控车床编程与加工
一体化教程

周晓宏　主　编

中国电力出版社
CHINA ELECTRIC POWER PRESS

内 容 提 要

本书根据数控车床操作工的岗位要求，介绍了数控车床编程与加工的技术和技能，是理论和实操一体化教材。本书按照学生的学习规律，从易到难，精选了 16个项目，每一个项目下又设计了多个任务，在任务引领下介绍完成该任务（编程、加工工件等）所需的理论知识和实操技能。

本书内容包括学习数控车床编程与加工基础；学会操作 FANUC 系统数控车床；冲模编程与加工；阶梯轴编程与加工；简单圆弧面轴类零件编程与加工；销钉编程与加工；导柱编程与加工；轴头编程与加工；螺纹轴编程与加工；螺纹锥堵编程与加工；带轮编程与加工；薄壁套编程与加工；椭圆轴编程与加工；偏心轴编程与加工；配合件编程与加工；数控车工职业技能综合训练。

本书可供高等职业技术学院、技校、中职数控专业、模具专业、数控维修、机电一体化专业的学生阅读，也可供相关工种的社会培训学员使用。

图书在版编目（CIP）数据

数控车床编程与加工一体化教程 / 周晓宏主编. —北京：中国电力出版社，2016.11
机电一体化技能型人才用书
ISBN 978-7-5123-9333-2

Ⅰ. ①数…　Ⅱ. ①周…　Ⅲ. ①数控机床–车床–程序设计–教材
②数控机床–车床–加工–教材　Ⅳ. ①TG519.1

中国版本图书馆 CIP 数据核字（2016）第 103634 号

中国电力出版社出版、发行

（北京市东城区北京站西街 19 号　100005　http://www.cepp.sgcc.com.cn）
北京市同江印刷厂印刷
各地新华书店经售

*

2016 年 11 月第一版　2016 年 11 月北京第一次印刷
787 毫米×1092 毫米　16 开本　15.25 印张　340 千字
印数 0001—2000 册　定价 45.00 元

敬 告 读 者

本书封底贴有防伪标签，刮开涂层可查询真伪
本书如有印装质量问题，我社发行部负责退换

◎ 前　言

　　目前，企业中数控机床的使用数量正大幅度增加，因此急需大批数控编程与加工方面的技能型人才。然而，目前国内掌握数控编程与加工的技能型人才较短缺，这使得数控技术应用技能型人才的培养十分迫切。为适应培养数控技术应用技能型人才的需要，我们将在生产一线和教学岗位上多年的心得体会进行总结，并结合学校教学的要求和企业要求，组织编写了本书。

　　本书根据数控车床操作工的岗位要求，介绍了数控车床编程与加工的技术和技能。本书按项目编写，在项目下又分解为几个任务，是理论和实操一体化教材。本书共设立 16 个项目，包括学习数控车床编程与加工基础；学会操作 FANUC 系统数控车床；冲模编程与加工；阶梯轴编程与加工；简单圆弧面轴类零件编程与加工；销钉编程与加工；导柱编程与加工；轴头编程与加工；螺纹轴编程与加工；螺纹锥堵编程与加工；带轮编程与加工；薄壁套编程与加工；椭圆轴编程与加工；偏心轴编程与加工；配合件编程与加工；数控车工职业技能综合训练。

　　本书可操作性强，读者通过对这些项目的学习和训练，可很快掌握数控车床加工技术和技能。本书可大大提高读者学习数控车床加工技术和技能的兴趣和针对性，学习效率高。在编写过程中，突出体现"知识新、技术新、技能新"的编写思想，以所介绍知识和技能"实用、可操作性强"为基本原则，不刻意追求理论知识的系统性和完整性。

　　本书由深圳技师学院周晓宏副教授、高级技师主编。本书可供高等职业技术学院、技校、中职数控用专业、模具专业、数控维修、机电一体化专业的学生阅读，也可供相关工种的社会培训学员使用。

　　由于编者水平有限，书中难免存在疏漏之处，恳请读者批评指正。

编　者

学习数控车床编程与加工基础

任务一 认识数控车床

一、数控车床的用途

数控车床能对轴类或盘类等回转体零件自动地完成内外圆柱面、圆锥面、圆弧面和直线、锥螺纹等工序的切削加工，并能进行切槽、钻、扩和铰等工作。它是目前国内使用极为广泛的一种数控机床，约占数控机床总数的25%。

二、数控车床的组成和分类

数控车床的布局，大都采用机、电、液、气一体化布局，全封闭或半封闭防护。数控车床的组成也有许多不同于普通车床之处。

数控车床主要由车床本体和数控系统两大部分组成。车床本体由床身、主轴、导轨、刀架、冷却装置等组成。CJK6140数控车床的组成如图1-1所示。

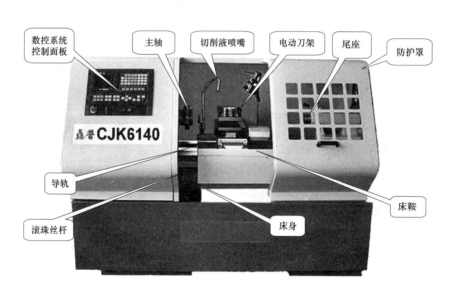

图1-1　CJK6140数控车床的组成

（1）床身——用于连接车床上的主要部件。

（2）床鞍——支撑刀架在导轨上移动。

（3）防护罩——防止切屑及工件飞出。

（4）尾座——用于安装顶尖或钻头等。

（5）四位电动刀架（也可安装六位电动刀架）——用于安装车刀并根据指令换刀。

（6）切削液喷嘴——将切削液注入切削区。

（7）主轴——带动工件旋转。

（8）数控系统控制面板——通过面板上的按键输入程序或控制数控车床各种方式的运动。

（9）导轨——用来引导床鞍和尾座的移动。

（10）滚珠丝杠——将伺服电动机的旋转运动转化为刀架的移动。

由于数控车床刀架的纵向（Z 向）和横向（X 向）运动分别采用两台伺服电动机驱动，经滚珠丝杠传到滑板和刀架，不必使用挂轮、光杠等传动部件，所以它的传动链短；多功能数控车床是采用直流或交流主轴控制单元来驱动主轴，它可以按控制指令作无级变速，与主轴间无须再用多级齿轮副来进行变速，其床头箱内的结构也比普通车床简单得多。故数控车床的结构大为简化，其精度和刚度大大提高。

数控车床的分类如下。

1. 按主轴位置分类

（1）卧式数控车床。卧式数控车床如图 1-2 所示。其主轴平行于水平面，一般采用三爪卡盘来装夹工件。这类车床主要用于加工轴向尺寸大、径向尺寸相对较小的小型复杂零件。

（2）立式数控车床。立式数控车床简称数控立车，如图 1-3 所示。其主轴垂直于水平面，一个直径很大的圆形工作台用来装夹工件。这类车床主要用于加工径向尺寸大、轴向尺寸相对较小的大型复杂零件。

图 1-2　卧式数控车床　　　　　　　　图 1-3　立式数控车床

2. 按刀架位置分类

（1）前置刀架数控车床。前置刀架位于 Z 轴的前面，与传统卧式车床刀架的布置形式一样，刀架导轨为水平导轨，使用四工位电动刀架，如图 1-4 所示。

（2）后置刀架数控车床。后置刀架位于 Z 轴的后面，刀架的导轨倾斜于正平面，便于观察刀具的切削过程，容易排除切屑，后置空间大，可设计更多工位。一般多功能的数控车床都设计为后置刀架，如图 1-5 所示。

图1-4 前置刀架数控车床

图1-5 后置刀架数控车床

3. 按功能分类

（1）经济型数控车床。经济型数控车床一般用单片机进行控制，机械部分是在普通车床的基础上改进的。它成本较低，但自动化程度和功能都比较差，车削加工精度也不高，适用于要求不高的回转类零件，如图1-6所示。

（2）普通数控车床。普通数控车床根据车削加工要求在结构上进行了专门设计，并配备通用数控系统。数控系统功能强，自动化程度和加工精度也比较高，适用于一般回转类零件。这种数控车床可同时控制两个坐标轴，即 X 轴和 Z 轴，如图1-7所示。

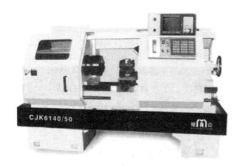

图1-6 经济型数控车床

图1-7 普通数控车床

（3）车削中心。车削中心以车床为基本体，并在此基础上进一步增加铣、钻、镗动力，以及副主轴的功能，可在同一台数控机床上完成多道工序的加工。车削中心是一种复合式车削加工机械，能使加工时间大大减少，有些车削中心不需要重新装夹，以达到提高加工精度的目的。车削中心如图1-8所示。

图1-8 车削中心

三、数控车床常见车削应用

数控车床除了可以完成普通车床能够加工的轴类和盘套类零件外，还可以加工精度要求较高的、各种形状复杂的回转体零件，以及各种螺距甚至变螺距的螺纹。图 1-9 所示为常见车削应用，图 1-10 所示为车床加工产品。

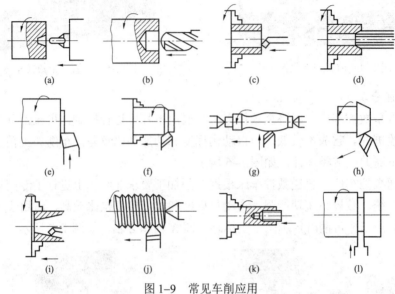

图 1-9　常见车削应用

（a）车中心孔；（b）钻孔；（c）车孔；（d）铰孔；（e）车端面；（f）车外圆；
（g）车成形面；（h）车锥面；（i）车锥孔；（j）车螺纹；（k）攻螺纹；（l）切槽与切断

图 1-10　车床加工产品

四、数控车床主要技术参数介绍

数控车床主要技术参数见表 1-1。

表 1-1　　　　　　　　　　　　数控车床主要技术参数

	参数名称	含　义	示例参数	反映的加工性能
工件参数	床身上工件最大回转直径	工件在床身上可以回转的最大直径，与装夹工件直径不是一回事	250mm	参数越大，可以加工的工件尺寸越大

参数名称		含 义	示例参数	反映的加工性能
工件参数	主轴通孔直径	主轴通孔中能穿过工件的最大直径	20mm	参数越大，可以加工的工件越粗
	行程	刀架在 X 轴、Z 轴上移动的最大距离	X 轴最大行程 180mm Z 轴最大行程 320mm	X 轴行程大，可以加工的工件直径大；Z 轴行程大，可加工的工件长
精度指标	定位精度	数控机床工作台等移动部件确定的终点与所达到的实际位置的误差	0.01mm	直接影响加工零件的尺寸精度，定位精度越高，所加工的零件精度越高
	重复定位精度	同一数控机床上，应用相同加工程序连续加工一批零件所得质量的一致程度	0.01mm	影响一批零件的加工一致性、质量稳定性
坐标轴	联动轴数	机床数控装置控制的坐标轴同时到达空间某一点的数量	2 轴（X 轴和 Z 轴）	影响工件加工的难易程度，联动轴数越多，可以加工越复杂的零件
运动性能指标	主轴转速	机床主轴转动的速度范围	100～3000r/min	最高主轴转速越高，所加工工件的表面质量越好
	进给速度	机床进给的线速度	500mm/min	进给速度越高，机床的加工效率越高
	刀架工位	自动刀架可以安装刀具的最大数量	4 工位	刀架工位越多，可以一次性完成的加工工步就越多

五、数控机床工作原理及加工过程

数控机床通过数控系统执行零件的数控程序来控制机床的执行单元完成加工，数控程序由技术人员根据零件图样和工艺要求等原始条件编制。数控机床的工作原理如图 1-11 所示。

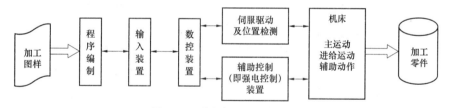

图 1-11 数控机床的工作原理

数控加工过程是用数控装置或计算机代替人工操作机床来进行自动化加工的过程，数控机床的加工过程如图 1-12 所示。

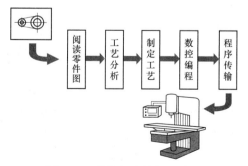

图 1-12 数控机床的加工过程

任务二　学会维护数控车床

一、数控车床安全操作规程

（1）操作人员必须熟悉机床使用说明书等有关资料。如主要技术参数、传动原理、主要结构、润滑部位及维护保养等一般知识。

（2）开机前应对机床进行全面细致的检查，确认无误后方可操作。

（3）机床通电后，检查各开关、按钮和按键是否正常、灵活，机床有无异常现象。

（4）检查电压、油压是否正常，有手动润滑的部位先要进行手动润滑。

（5）手动进给连续操作时，必须检查各种开关所选择的位置是否正确，运动方向是否正确，然后再进行操作。

（6）各坐标轴手动回零（机械原点）。

（7）程序输入后，应仔细核对。其中包括对代码、地址、数值、正负号、小数点及语法。

（8）正确测量和计算工件坐标系，并对所得结果进行检查。

（9）输入工件坐标系，并对坐标、坐标值、正负号及小数点进行认真核对。

（10）未装工件前，空运行一次程序，看程序能否顺利运行，刀具和夹具安装是否合理，有无超程现象。

（11）无论是首次加工的零件，还是重复加工的零件，首件都必须对照图纸、工艺规程、加工程序和刀具调整卡，进行试切。

（12）试切时快速进给倍率开关必须打到较低挡位。

（13）每把刀具首次使用时，必须先验证它的实际长度与所给刀补值是否相符。

（14）必须在确认工件夹紧后才能启动机床，严禁工件转动时测量、触摸工件。

（15）操作中出现工件跳动、打抖、异常声音、夹具松动等异常情况必须立即停车处理。

（16）试切进刀时，在刀具运行至工件表面 30～50mm 处，必须在进给保持下，验证 Z 轴和 X 轴坐标剩余值与加工程序是否一致。

（17）试切和加工中，刃磨刀具和更换刀具后，要重新测量刀具位置并修改刀补值和刀补号。

（18）程序修改后，对修改部分要仔细核对。

（19）加工完毕，要清理机床。

二、安全文明生产注意事项

（1）遵守各实训场地的安全规定，要戴防护眼镜，穿好工作服，扣紧领扣，扣紧袖口。女同学要戴工作帽，并将发辫纳入帽内。

（2）非合格的专业人员禁止操作或维修机床，更换熔丝需使用同规格产品。

（3）禁止将工具、工件、材料随意放置在机床上，尤其是工作台上。

（4）非必要时，操作者切勿擅改软件设定的参数、其他电子元件设定值；若必须更改时，请务必将原参数值记录存查，以利于以后维修故障时参考。

（5）熟悉机床动力控制开关，尤其需特别牢记紧急停止开关的位置。电源或动力源发生异常或断电时,立即切断主电源。当加工过程结束,操作人员需离开机床时,主电源也需切断。

(6)开机后禁止用手或其他导电物体去触摸控制器及操作箱内部或变压器等高压元件。

(7)在维护或维修作业时,必须确认危险区域内所有人员或物品均已离开,方可启动机床电源。

三、数控车床的维护

做好数控车床的日常维护、保养,降低数控车床的故障率,将能充分发挥数控车床的功效。一般情况下,数控车床的日常维护和保养是由操作人员来进行的。每台数控车床经过长时间使用后都会出现零部件的损坏,但是及时开展有效的预防性维护,可以延长元器件的工作寿命,延长机械部件的磨损周期,防止意外恶性事故的发生,延长机床的工作时间。具体维护保养要求在数控车床说明书中有明确规定。

1. 每日检查要点

(1)接通电源前的检查。

1)检查机床的防护门、电柜门是否关闭。

2)检查工具、量具等是否已准备好。

3)检查切削槽内的切屑是否已清理干净。

4)检查冷却液、液压油、润滑油的油量是否充足。

5)检查所选择的液压卡盘的夹持方向是否正确。

(2)接通电源后检查。

1)显示屏上是否有报警显示,若有问题应及时予以处理。

2)检查操作面板上的指示灯是否正常,各按钮、开关是否处于正确位置。

3)液压装置的压力表指示是否在所要求的范围内。

4)各控制箱的冷却风扇是否正常运转。

5)刀具是否正确夹紧在刀架上,回转刀架是否可靠夹紧,刀具是否有损伤。

6)若机床带有导套、夹簧,应确认其调整是否合适。

(3)机床运转后的检查。

1)有无异常现象。

2)运转中,主轴、滑板处是否有异常噪声。

2. 月检查要点

(1)检查主轴的运转情况。主轴以最高转速一半左右的转速旋转 30min,用手触摸壳体部分,若感觉温和即为正常。

(2)检查 X、Z 轴行程限位开关、各急停开关动作是否正常。可用手按压行程开关的滑动轮,若有超程报警显示,说明限位开关正常。同时清洁各接近开关。

(3)检查 X、Z 轴的滚珠丝杠。若有污垢,应清理干净,若表面干燥,应涂润滑脂。

(4)检查回转刀架的润滑状态是否良好。

(5)检查导套装置。

1)检查导套内孔状况,看是否有裂纹、毛刺。若有问题,予以修整。

2）检查并清理导套前面盖帽内的切屑。

（6）检查并清理冷却槽内的切屑。

（7）检查润滑装置，包括下面的内容：

1）检查润滑油管路是否损坏，管接头是否有松动、漏油现象。

2）检查润滑泵的排油量是否符合要求。

（8）检查液压装置，包括下面的内容：

1）检查液压管路是否有损坏，各管接头是否有松动或漏油现象。

2）检查压力表的工作状态。通过调整液压泵的压力，检查压力表的指针是否工作正常。

3. 六个月检查要点

（1）检查主轴。

1）检查主轴孔的振摆。将千分表探头伸入卡盘套筒的内壁，然后轻轻地将主轴旋转一周，指针的摆动量小于出厂时精度检查表的允许值即可。

2）检查编码盘用同步皮带的张力及磨损情况。

3）检查主轴传动皮带的张力及磨损情况。

（2）检查刀架。主要看换刀时其换位动作的连贯性，以刀架夹紧、松开时无冲击为好。

（3）检查各插头、插座、电缆、各继电器的触点是否接触良好；检查各印制电路板是否干净；检查主电源变压器、各电机的绝缘电阻（应在 $1M\Omega$ 以上）。

（4）检查润滑泵装置浮子开关的动作状况。可用润滑泵装置抽出润滑油，看浮子落至警戒线以下时，是否有报警指示以判断浮子开关的好坏。

（5）检查导套装置。用手沿轴向拉导套，检查其间隙是否过大。

（6）检查断电后保存机床参数、工作程序用后备电池的电压值，视情况予以更换。

4. 数控车床定期维护表

表 1-2 列出了数控车床定期维护的内容和要求，供参考。

表 1-2　　　　　　　　　　　数控车床定期维护表

序号	检查周期	检 查 部 位	检 查 要 求
1	天	导轨润滑油箱	检查油标、油量及时添加润滑油，润滑泵能定时启动打油及停止
2	天	X、Z 轴导轨面	清除切屑及脏物，检查润滑油是否充分，导轨面有无划伤损坏
3	天	压缩空气气源压力	检查气动控制系统压力，应在正常范围
4	天	气源自动分水滤气器、自动空气干燥器	及时清理分水器中滤出的水分，保证自动空气干燥器工作正常
5	天	气液转换器和增压器油面	发现油面不够时及时补足油
6	天	主轴润滑恒温油箱	工作正常、油量充足并调节温度范围
7	天	机床液压系统	油箱、液压泵无异常噪声，压力表指示正常，管路及各接头无泄漏，工作油面高度正常
8	天	液压平衡系统	平衡压力指示正常，快速移动时平衡阀工作正常
9	天	CNC 的输入/输出单元	机械结构润滑良好等

序号	检查周期	检 查 部 位	检 查 要 求
10	天	各种电气柜散热通风装置	各电柜冷却风扇工作正常，风道过滤网无堵塞
11	天	各种防护装置	导轨、机床防护罩等应无松动、漏水
12	天	各电柜过滤网	清洗各电柜过滤网
13	半年	滚珠丝杠	清洗丝杠上旧的润滑脂，涂上新油脂
14	半年	液压油路	清洗溢流阀、减压阀、滤油器、油箱箱底，更换或过滤液压油
15	半年	主轴润滑恒温油箱	清洗过滤器，更换润滑油
16	年	润滑泵，清洗滤油器	清理润滑油池底，更换滤油器
17	不定期	检查各轴导轨上镶条、压紧滚轮松紧状态	按机床说明书调整
18	不定期	冷却水箱	检查液面高度，冷却液太脏时需更换并清理水箱底部，经常清洗过滤器
19	不定期	排屑器	经常清理切屑，检查有无卡住等
20	不定期	清理废油池	及时取走废油池中的废油，以免外溢
21	不定期	调整主轴驱动带松紧	按机床说明书调整

5. 数控系统的日常维护

（1）机床电气柜的散热通风。通常安装于电柜门上的热交换器或轴流风扇，能对电控柜的内外进行空气循环，促使电控柜内的发热装置或元器件，如驱动装置等进行散热。应定期检查控制柜上的热交换器或轴流风扇的工作状况，风道是否堵塞，否则会引起柜内温度过高而使系统不能可靠运行，甚至引起过热报警。

（2）尽量少开电气控制柜门。加工车间飘浮的灰尘、油雾和金属粉末落在电气柜上容易造成元器件间绝缘电阻下降，从而出现故障。因此，除了定期维护和维修外，平时应尽量少开电气控制柜门。

（3）支持电池的定期更换。数控系统存储参数用的存储器采用 CMOS 器件，其存储的内容在数控系统断电期间靠支持电池供电保持。在一般情况下，即使电池尚未消耗完，也应每年更换一次，以确保系统能正常工作。电池的更换应在 CNC 系统通电状态下进行。

（4）备用印制电路板的定期通电。对于已经购置的备用印制电路板，应定期装到 CNC 系统上通电运行。实践证明，印制电路板长期不用易出故障。

（5）数控系统长期不用时的保养。数控系统处于长期闲置的情况下，要经常给系统通电，在机床锁住不动的情况下，让系统空运行。系统通电可利用电器元件本身的发热来驱散电气柜内的潮气，保证电器元件性能的稳定可靠。实践证明，在空气湿度较大的地区，经常通电是降低故障的一个有效措施。

任务三　认识数控车削刀具

一、数控车床刀具的种类及选用

1. 车刀的种类

由于工件材料、生产批量、加工精度以及机床类型、工艺方案的不同，车刀的种类也异常繁多。根据与刀体的连接固定方式的不同，车刀主要可分为焊接式与机械夹固式两大类。

（1）焊接式车刀。将硬质合金刀片用焊接的方法固定在刀体上称为焊接式车刀。这种车刀的优点是结构简单，制造方便，刚性较好。缺点是由于存在焊接应力，使刀具材料的使用性能受到影响，甚至出现裂纹。另外，刀杆不能重复使用，硬质合金刀片不能充分回收利用，造成刀具材料的浪费。

根据工件加工表面以及用途不同，焊接式车刀又可分为切断刀、外圆车刀、端面车刀、内孔车刀、螺纹车刀以及成形车刀等，如图 1-13 所示。此外还有一种圆弧形车刀。如图 1-14 所示，其特征是，构成的主切削刃的刀刃形状为圆弧。

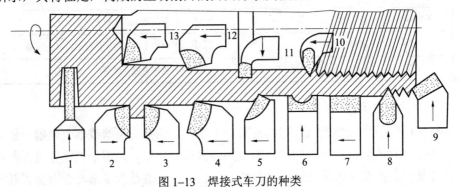

图 1-13　焊接式车刀的种类

1—切断刀；2—90°左偏刀；3—90°右偏刀；4—弯头车刀；5—直头车刀；6—成形车刀；7—宽刃精车刀；
8—外螺纹车刀；9—端面车刀；10—内螺纹车刀；11—内槽车刀；12—通孔车刀；13—盲孔车刀

（2）机械夹固式可转位车刀。如图 1-15 所示，机械夹固式可转位车刀由刀杆 1、刀片 2、刀垫 3 以及夹紧元件 4 组成。

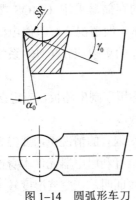

图 1-14　圆弧形车刀

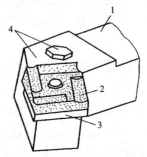

图 1-15　机械夹固式可转位车刀

1—刀杆；2—刀片；3—刀垫；4—夹紧元件

刀片每边都有切削刃，当某切削刃磨损钝化后，只需松开夹紧元件，将刀片转动一个位置便可继续使用。

刀片是机夹可转位车刀的一个最重要组成元件。按照国标 GB 2076—1987，大致可分为带圆孔、带沉孔以及无孔三大类。形状有三角形、正方形、五边形、六边形、圆形以及菱形等共 17 种。图 1-16 所示为常见可转位车刀刀片的形状及角度。

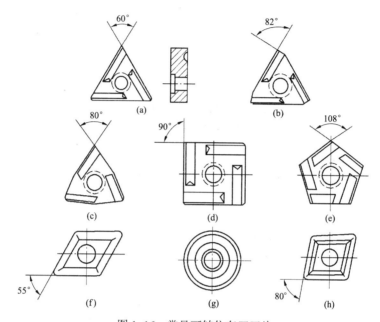

图 1-16 常见可转位车刀刀片

（a）T 型；（b）F 型；（c）W 型；（d）S 型；（e）P 型；（f）D 型；（g）R 型；（h）C 型

2. 车刀的选择

车外圆时，一般要分粗车和精车。粗车的目的是切去毛坯硬皮和大部分的加工余量，改变不规则的毛坯形状；精车的目的，是达到零件的工艺要求。因此，应根据不同的切削要求，选用合适的车刀及其几何角度。

加工工件的圆柱形或圆锥形外表面，选用各种外圆车刀，如图 1-13 中的 2、3、4、5 所示。

加工工件端面，选用端面车刀，如图 1-13 中的 9 所示。

加工螺纹，选用螺纹车刀，如图 1-13 中的 8、10 所示。

加工各种光滑连接的成形面，选用圆弧形车刀；此外螺纹刀有时也可用来加工成形面。

切断工件，选用切断刀。如图 1-13 中的 1 所示。

二、车刀结构

刀具各组成部分统称刀具要素。车刀一般由两大部分组成：夹持部分和切削部分。夹持部分通常用普通碳素钢、球墨铸铁等材料制成。切削部分采用各种刀具材料，根据需要制成各种形状，车刀几何要素构成如图 1-17 所示。

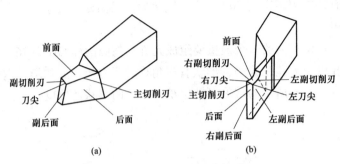

图 1-17　车刀几何要素构成

(a) 外圆车刀；(b) 车槽刀

（1）前面（A_r）。又称前刀面，即切屑流过的表面。

（2）后面（A_α）。又称后刀面，即与工件上经切削的表面相对的表面。分为主后面（与前面相交形成主切削刃的后面，与工件上的过渡表面相对，记作 A_α）和副后面（与前刀面相交形成副切削刃的后面，与工件上的已加工表面相对，记 A_α'），未作特别说明的后面一般指主后面。

（3）主切削刃（S）。前面和后面的交线，承担主要切削工作，由它在工件上切出过渡表面。

（4）副切削刃（S'）。前面与副后面的交线，它配合主切削刃切除余量并最终形成已加工表面。

（5）刀尖。主、副切削刃连接处相当少的一部分切削刃，未经特别指明可视为一个点，是刀具切削部分工作条件最恶劣的部位。

三、车刀几何角度及其对切削性能的影响

车刀切削部分主要有 6 个独立的基本角度：前角（γ_0）、主后角（α_0）、副后角（α_0'）、主偏角（κ_r）、副偏角（κ_r'）、刃倾角（λ_s），两个派生角度：楔角（°）、刀尖角（ε_r），如图 1-18 所示。

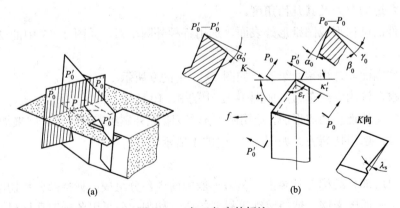

图 1-18　车刀角度的标注

（a）主截面和副截面；（b）车刀角度的标注

（1）前角（γ_o）。前角为前刀面和基面间的夹角。前角影响刃口的锋利程度和强度，影响切削变形和切削力。前角增大，能使刃口锋利，减小切削变形，切削省力，排屑顺利；前角减小，可增加刀头强度和改善刀头的散热条件等。

（2）后角（α_o、α_o'）。后角为后刀面和切削平面间的夹角。后角的主要作用是减少车刀后刀面与工件的摩擦。

（3）主偏角（κ_r）。主偏角为主切削刃在基面上的投影与进给方向间的夹角。主偏角的主要作用是改变主切削刃和刀头的受力及散热情况。

（4）副偏角（κ_r'）。副偏角为副切削刃在基面上的投影与背离进给方向间的夹角。副偏角的主要作用是减少副切削刃和工件已加工表面的摩擦。

（5）刃倾角（λ_s）。刃倾角为主切削刃与基面的夹角。刃倾角的主要作用是控制排屑方向，并影响刀头强度。

（6）楔角（β_o）。楔角为主截面内前刀面与后刀面间的夹角。楔角影响刀头的强度。

（7）刀尖角（ε_r）。刀尖角为主切削刃和副切削刃在基面上的投影间的夹角。刀尖角影响刀尖强度和散热条件。

四、车刀的材料

目前生产中常用的车刀材料有高速钢和硬质合金两类。

1. 高速钢

高速钢是含有钨（W）、铬（Cr）、钒（V）、钼（Mo）等合金元素的高合金工具钢。现有品种可归并为通用型高速钢、高性能高速钢和粉末冶金高速钢三大类。

与碳素工具钢、合金工具钢比较，高速钢特殊优点是耐热性好，耐温度高达 500～650℃。高速钢切削中碳钢时，切削速度可达 25～30m/min，是碳素工具钢和合金工具钢的 2～4 倍。

与硬质合金比较，高速钢最大优点是可加工性，可锻打成各种坯件，制造复杂刀具。高速钢的抗弯强度、冲击韧度是硬质合金的 6～10 倍。经过仔细研磨，高速钢刀具切削刃钝圆半径可以小于 15μm，其磨削性也好。

高速钢刀具制造简单，刃磨方便，磨出的刀具刃口锋利，而且坚韧性较好，能承受较大的冲击力。因此常用于承受冲击力较大的场合，同时也常作为精加工车刀（梯形螺纹、宽刃车刀）以及成形车刀的材料。但高速钢耐热性比硬质合金差，不宜用于高速切削。在刃磨时要经常冷却，以防车刀退火，失去硬度。它淬火后的硬度为 62～65HRC。

2. 硬质合金

硬质合金是用高溶点、高硬度的金属碳化物和金属粘结剂按粉末冶金工艺制成的刀具材料。

硬质合金的硬度高，能耐高温，有很好的红硬性，在 1000℃左右的高温下仍能保持良好的切削性能。硬质合金车刀的切削速度比高速钢高几倍至几十倍，并能切削高速钢刀具无法切削的难车削材料。

硬质合金的缺点是韧性较差、性较脆、怕冲击，但这一缺陷可以通过刃磨合理的切削角度来弥补。所以硬质合金是目前应用最广泛的一种车刀材料。

硬质合金按其成分不同，常用的有钨钴合金和钨钛钴合金两类。

五、孔加工刀具

1. 麻花钻

要在实心材料上加工出孔，必须先用钻头钻出一个孔来。常用的钻头是麻花钻。

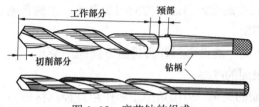

图 1-19　麻花钻的组成

麻花钻由切削部分、工作部分、颈部和钻柄等组成，如图 1-19 所示。钻柄有锥柄和直柄 2 种，一般 12mm 以下的麻花钻用直柄，12mm 以上用锥柄。

2. 中心钻

中心钻用于加工中心孔，有三种形式：中心钻、无护锥 60°复合中心钻和带护锥 60°复合中心钻。为节约刀具材料，复合中心钻常制成双端的，钻沟一般制成直的。复合中心钻的工作部分由钻孔部分和锪孔部分组成，钻孔部分与麻花钻相同，有倒锥度及钻尖几何参数，锪孔部分制成 60°锥度，保护锥制成 120°锥度。

复合中心钻工作部分的外圆需经斜向铲磨，才能保证锪孔部分及锪孔部分与钻孔部分的过渡部分具有后角。

3. 深孔钻

一般深径比（孔深与孔径比）在 5～10 的孔为深孔，加工深孔可用深孔钻。深孔钻的结构有多种，常用的主要有外排屑深孔钻、内排屑深孔钻和喷吸钻等。

4. 扩孔钻

在实心零件上钻孔时，如果孔径较大，钻头直径也较大，横刃加长，轴向切削力增大，钻削时会很费力，这时可以钻削后用扩空钻对孔进行扩大加工。

扩孔钻有高速钢扩孔钻和硬质合金扩孔钻两种，如图 1-20 所示。

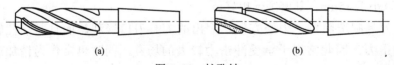

(a)　　　　　　　　　　　　　　　　(b)

图 1-20　扩孔钻

（a）高速钢扩孔钻；（b）硬质合金扩孔钻

5. 镗孔刀

铸孔、锻孔或用钻头钻出来的孔，内孔表面还很粗糙，需要用内孔刀车削。车削内孔用的车刀，一般叫作镗孔刀，简称镗刀。

常用镗刀有整体式和机夹式 2 种，如图 1-21 所示。

6. 铰刀

精度要求较高的内孔，除了采用高速精镗之外，一般是经过镗孔后用铰刀铰削。

铰刀有机用铰刀和手用铰刀 2 种，由工作部分、颈和柄等组成，如图 1-22 所示。

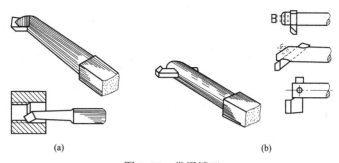

图 1-21　常用镗刀

（a）整体式镗刀；（b）机夹式镗刀

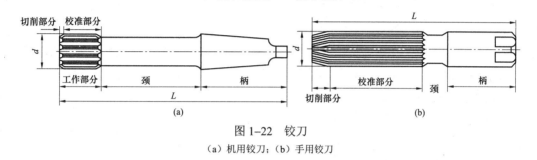

图 1-22　铰刀

（a）机用铰刀；（b）手用铰刀

任务四　认识数控车床坐标系

一、机床的坐标轴

数控车床是以机床主轴轴线方向为 Z 轴方向，刀具远离工件的方向为 Z 轴的正方向。X 轴位于与工件安装面相平行的水平面内，垂直于工件旋转轴线的方向，且刀具远离主轴轴线的方向为 X 轴的正方向。

二、机床原点、参考点及机床坐标系

机床原点为机床上的一个固定点。车床的机床原点定义为主轴旋转中心线与车头端面的交点，如图 1-23 所示，O 点即为机床原点。

参考点也是机床上的一固定点。该点与机床原点的相对位置如图 1-23 所示（点 O' 即为参考点）。其位置由 Z 向与 X 向的机械挡块来确定。当进行回参考点的操作时，安装在纵向和横向滑板上的行程开关碰到相应的挡块后，由数控系统发出信号，由系统控制滑板停止运动，完成回参考点的操作。

当机床回参考点后，显示的 Z 与 X 的坐标值均为零。当完成回参考点的操作后，则马上显示此时的刀架中心（对刀参考点）在机床坐标系中的坐标值，就相当于数控系统内部建立了一个以机床原点为坐标原点的机床坐标系。

图 1-24 为常见的数控（NC）车床坐标系统。主轴为 Z 轴，刀架平行于 Z 轴运动方向（即纵向）为 Z 轴运动方向，刀架前后运动方向（即横向）为 X 轴运动方向。

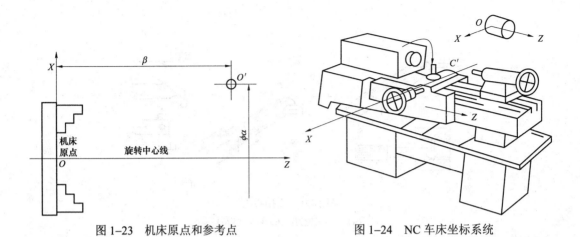

图 1-23 机床原点和参考点   图 1-24 NC 车床坐标系统

常见的数控车床的刀架（刀塔）是安装在靠近操作人员一侧，其坐标系统如图 1-25 所示，X 轴往前为负，往后为正；若刀塔是安装在远离操作人员的一侧时，则 X 轴往前为正，往后为负，这类车床常见的有带卧式刀塔的 NC 车床，如图 1-26 所示。有的厂家设定 X 轴往前为负，往后为正。

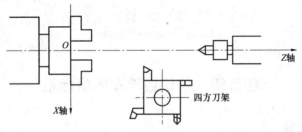

图 1-25 常见的数控车床刀架坐标系统

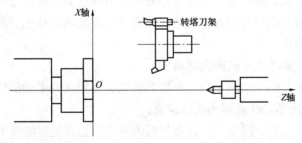

图 1-26 带卧式刀塔的 NC 车床坐标系统

三、工件原点和工件坐标系

工件图样给出以后，首先应找出图样上的设计基准点。其主要尺寸均是以此点为基准进行标注的，该基准点称为工件原点。

以工件原点为坐标原点建立一个 Z 轴与 X 轴的直角坐标系，称为工件坐标系。

工件原点是人为设定的，设定的依据是既要符合图样尺寸的标注习惯，又要便于编程。通常工件原点选择在工件右端面、左端面或卡爪的前端面。工件坐标系的 Z 轴一般与主轴轴线重合，X 轴随工件原点位置不同而不同，各轴正方向与机床坐标系相同。图 1-27 所示为以工件右端面为工件原点的工件坐标系。

四、绝对编程与增量编程

X 轴和 Z 轴移动量的指令方法有绝对指令和增量指令两种。绝对指令是用各轴移动到终点的坐标值进行编程的方法，称为绝对编程法。增量指令是用各轴的移动量直接编程的方法，称为增量编程法，也称相对值编程。

绝对编程时，用 X、Z 表示 X 轴与 Z 轴的坐标值；增量编程时，用 U、W 表示在 X 轴和 Z 轴上的移动量。如图 1-28 所示，用增量指令时为 U40.0、W-60.0；用绝对指令时为 X70.0、Z40.0。绝对编程和增量编程可在同一程序中混合使用，这样可以免去编程时一些尺寸值的计算，如 X70.0、W-60.0。

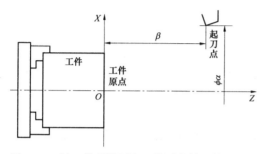

图 1-27　以工件右端面为工件原点的工件坐标系

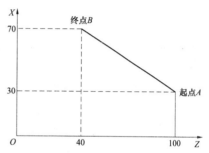

图 1-28　绝对编程与增量编程

五、直径编程与半径编程

编制轴类工件的加工程序时，因其截面为圆形，所以尺寸有直径指定和半径指定两种方法，采用哪种方法要由系统的参数决定。采用直径编程时，称为直径编程法；采用半径编程时，称为半径编程法。车床出厂时均设定为直径编程，所以在编程时与 X 轴有关的各项尺寸一定要用直径值编程；如果需用半径编程，则要改变系统中相关的几项参数，使系统处于半径编程状态。

任务五　认识切削三要素

一、车削时工件上的加工表面

车削时在工件上产生的加工表面如图 1-29 所示。

（1）待加工表面。工件有待切除的表面，即行将被切除余量层表面。

（2）已加工表面。工件上经刀具切削后产生的新表面。

（3）过渡表面。工件上由切削刃形成的那部分表面，它总是位于待加工表面和已加工表面之间。

二、切削用量

切削速度、进给量和背吃刀量，称为切削用量三要素（见图 1-30）。合理地选择切削用量能有效地提高生产效率。

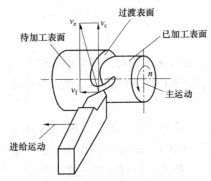

图 1-29 车削时工件上的加工表面

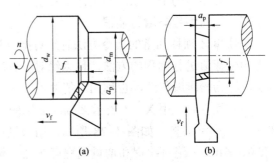

图 1-30 进给量和背吃刀量

（a）车外圆；（b）车槽

1. 切削速度 v_c

切削速度 v_c 为主运动的线速度，单位为 m/min。车削时切削速度为

$$v_c=\pi d_w n/1000$$

式中　d_w——工件待加工表面直径，mm；

　　　n——车床主轴转数，r/min。

车削时，工件做旋转运动，切削刃不同直径处的各点切削速度不同。在计算时，以刀具进入切削状态的最大直径作为计算依据，如车外圆时就应以工件待加工表面直径为准。

[例 1-1] 车削直径 260mm 的工件外圆，选用切削速度为 450m/min，求车床主轴转速 n。

解　根据 $v_c=\pi d_w n/1000$ 　　　$n=1000 v_c/\pi d_w$

$$n=1000\times450/3.14\times260=550（r/min）$$

在实际生产中，操作者往往是已知工件直径，并根据工件材料、刀具材料和车削性质等因素选定切削速度 v_c。再将切削速度换算成车床主轴转速，以便在编程时使用。

2. 进给量 f

进给量 f 为工件每转一转，车刀沿进给方向移动的距离，单位为 mm/r。

进给量有纵进给量和横进给量两种，沿车床床身导轨方向的是纵向进给量，垂直于车床床身导轨方向的是横向进给量。

3. 背吃刀量 a_p

背吃刀量 a_p 为工件上已加工表面与待加工表面之间的垂直距离，单位为 mm。

背吃刀量的计算公式如下

$$a_p=(d_w-d_m)/2$$

式中　d_w——工件待加工表面直径，mm；

　　　d_m——工件已加工表面直径，mm。

[例 1-2] 现有一根直径为 80mm 的棒料，一次进给车至 73mm，求背吃刀量 a_p。

解　根据公式

$$a_p=(d_w-d_m)/2=(80-73)/2=3.5（mm）$$

三、切削三要素选用原则

对于不同的加工方法，需要选用不同的切削三要素。所谓合理的切削三要素，是指在保证零件加工精度和表面粗糙度的前提下，充分发挥刀具的切削性能和机床性能，最大限度提高生产率、降低成本。

粗车时，应尽量保证较高的金属切除率和必要的刀具使用寿命。选择切削三要素时应首先选取尽可能大的背吃刀量 a_p，其次根据机床动力和刚度的限制条件，选取尽可能大的进给量 f，最后根据刀具使用寿命的要求，确定合适的切削速度 v_c。增大背吃刀量 a_p 可使走刀次数减少，增大进给量 f 有利于断屑。

精车时，对加工精度和表面粗糙度要求较高，加工余量不大且较均匀，故一般选用较小的进给量 f 和背吃刀量 a_p，而尽可能选用较高的切削速度 v_c。

1. 背吃刀量的确定

背吃刀量是在垂直于进给运动方向上的切削层最大尺寸，一般指工件上已加工表面和待加工表面间的垂直距离。

背吃刀量应根据工件的加工余量来确定。粗加工时，除留下精加工余量外，一次走刀尽可能切除全部余量。当加工余量过大、工艺系统刚度较低、机床功率不足、刀具强度不够或断续切削的冲击振动较大时，可分多次走刀。切削表面层有硬皮的铸锻件时，应尽量使 a_p 大于硬皮层的厚度，以保护刀尖。

半精加工和精加工的加工余量较小时，可一次切除，但有时为了保证工件的加工精度和表面质量，也可采用二次走刀。

多次走刀时，应尽量将第一次走刀的背吃刀量取大些，一般为总加工余量的 2/3～3/4。

在中等功率的机床上，粗加工时的背吃刀量可达 8～10mm；半精加工（表面粗糙度值为 Ra 6.3～3.2μm）时，背吃刀量取 0.5～2mm；精加工（表面粗糙度值为 Ra 6.3～0.8μm）时，背吃刀量取 0.1～0.4mm。

背吃刀量根据机床、工件和刀具的刚度确定，在刚度允许的条件下，应尽可能使背吃刀量等于工件的加工余量，这样可以减少走刀次数，提高生产效率。为了保证加工表面质量，可留少量精加工余量，一般为 0.2～0.5mm。

计算公式为

$$a_p = (d_w - d_m)/2$$

式中　　d_m——已加工表面直径，mm；

$\quad\quad d_w$——待加工表面直径，mm。

2. 进给量的确定

进给量是指刀具在进给运动方向上相对于工件的位移量，用刀具或工件每转或每行程的位移量来表述和度量。进给速度是指切削刃上选定点相对于工件进给运动方向上的瞬时速度，主要根据零件的加工精度和表面粗糙度要求以及刀具、工件的材料性质选取，最大进给速度受机床刚度和进给系统的性能限制。背吃刀量选定后，接着就应尽可能选用较大的进给量 f。粗车时一般取 0.3～0.8mm/r，精车时常取 0.1～0.3mm/r，切断时常取 0.05～0.2mm/r。

对于车床　　　　　　　进给速度=每转进给量×主轴转速

$$v_f = fn$$

式中　v_f ——进给速度，mm/min；

　　　　f ——每转进给量，mm/r；

　　　　n ——主轴转速，r/min。

（1）当工件的质量要求能够得到保证时，为提高生产效率，可选择较高的进给速度。

（2）在切断、加工深孔或用高速钢刀具加工时，宜选择较低的进给速度。

（3）当加工精度、表面粗糙度要求高时，进给速度应选小些。

（4）刀具空走刀时，可以设定为该机床数控系统的最高进给速度。

3. 切削速度的确定

切削速度是指切削刃上选定点相对于工件的主运动的瞬时速度。

提高切削速度也是提高生产率的一个措施，但切削速度与刀具使用寿命的关系比较密切。

随着切削速度的增大，刀具使用寿命急剧下降，故切削速度的选择主要取决于刀具使用寿命。另外，切削速度与加工材料也有很大关系，例如用立铣刀铣削合金钢 30CrNi2MoVA 时，切削速度可取 8m/min 左右；而用同样的立铣刀铣削铝合金时，切削速度可取 200m/min 以上。

在 a_p 和 f 选定以后，可在保证刀具合理使用寿命的条件下，用计算法或用查表法确定切削速度 v_c 的值。在具体确定 v_c 值时，一般应遵循下述原则。

（1）粗车时，背吃刀量和进给量均较大，故选择较低的切削速度；精车时，背吃刀量和进给量均较小，则选择较高的切削速度。

（2）工件材料硬度和强度较高、加工性较差时，应选较低的切削速度。工件材料的切削性能较好时，宜选用较高的切削速度。故加工灰铸铁的切削速度应比加工中碳钢低，而加工铝合金和铜合金的切削速度则比加工钢高得多。

（3）刀具材料的切削性能越好，切削速度也可选得越高。因此，硬质合金刀具采用较高的切削速度，高速钢采用较低的切削速度，而涂层硬质合金、陶瓷、金刚石、立方氧化硼刀具的切削速度又可选得比硬质合金刀具高许多。硬质合金刀具切削用量推荐值见表 1-3。

表 1-3　　　　　　　　　　　　　　硬质合金刀具切削用量推荐值

刀具材料	工件材料	粗 加 工			精 加 工		
		切削速度 v_c （m/min）	进给量 f （mm/r）	背吃刀量 （mm）	切削速度 v_c （m/min）	进给量 f （mm/r）	背吃刀量 （mm）
硬质合金或涂层硬质合金	碳钢	220	0.2	3	260	0.1	0.4
	低合金钢	180	0.2	3	220	0.1	0.4
	高合金钢	120	0.2	3	160	0.1	0.4
	铸铁	80	0.2	3	120	0.1	0.4
	不锈钢	80	0.2	2	60	0.1	0.4
	钛合金	40	0.2	1.5	150	0.1	0.4

续表

刀具材料	工件材料	粗 加 工			精 加 工		
		切削速度 v_c（m/min）	进给量 f（mm/r）	背吃刀量（mm）	切削速度 v_c（m/min）	进给量 f（mm/r）	背吃刀量（mm）
硬质合金或涂层硬质合金	灰铸铁	120	0.2	2	120	0.15	0.5
	球墨铸铁	100	0.2 0.3	2	120	0.15	0.5
	铝合金	1600	0.2	1.5	1600	0.1	0.5

此外，在确定精加工、半精加工的切削速度时，应注意避开积屑瘤和鳞刺产生的区域；在易发生振动的情况下，应避开自激振动的临界速度；在加工带硬皮的铸锻件时，加工大件、细长件和薄壁件，以及断续切削时，应选用较低的切削速度。常用切削用量推荐值见表1-4。

表 1-4   常用切削用量推荐值

工件材料	加工内容	背吃刀量（mm）	切削速度 v_c（m/min）	进给量 f（mm/r）	刀具材料
碳素钢（ σ_b >600MPa）	粗加工	5～7	60～80	0.2～0.4	YT 类
	半精加工	2～3	80～120	0.2～0.4	
	精加工	2～6	120～150	0.1～0.2	
	钻中心孔	—	500～800	—	W18Cr4V
	钻孔	—	25～30	—	
	切断（宽度<5mm）	70～110		0.1～0.2	YT 类
铸铁（<200HBW）	粗加工	—	50～70	0.2～0.4	YG 类
	精加工	—	70～100	0.1～0.2	
	切断（宽度<5mm）	50～70		0.1～0.2	

4. 主轴转速的确定

主轴转速应根据允许的切削速度和工件（或刀具）直径来选择。其计算公式为

$$n = \frac{1000v_c}{\pi D}$$

式中 v_c——切削速度，m/min；

         n——主轴转速，r/min；

         D——工件直径或刀具直径，mm。

计算得出的主轴转速 n 最后要根据机床说明书选取机床固有的或较接近的转速。

四、切削三要素选择注意事项

1. 主轴转速

应根据零件上被加工部位的直径，并按零件和刀具的材料及加工性质等条件所允许的切削速度来确定。切削速度除了计算和查表选取外，还可根据实践经验确定，需要注意的是交流变频调速数控车床低速输出力矩小，因而切削速度不能太低。根据切削速度可以计

算出主轴转速。

2. 车螺纹时的主轴转速

数控车床加工螺纹时，因其传动链的改变，原则上其转速只要能保证主轴每转一周时刀具沿主进给轴（多为 Z 轴）方向位移一个螺距即可。

在车削螺纹时，车床的主轴转速将受到螺纹的螺距 P、驱动电动机的升降频率特性，以及螺纹插补运算速度等多种因素影响，故对于不同数控系统，推荐不同的主轴转速选择范围。大多数经济型数控车床车螺纹时推荐的主轴转速 n（r/min）为

$$n \leqslant \frac{1200}{P} - k$$

式中　P——被加工螺纹螺距，mm；

　　　k——保险系数，一般取 80。

3. 车螺纹时对切削要素的影响

（1）螺纹加工程序段中指令的螺距值相当于以进给量 f（mm/r）表示的进给速度。如果机床的主轴转速选择过高，其换算后的进给速度 v_f（mm/min）则必定大大超过正常值。

（2）刀具在其位移的整个过程中，都将受到伺服驱动系统升降频率特性和数控装置插补运算速度的约束，由于升降频率特性满足不了加工需要等原因，则可能因主进给运动产生的"超前"和"滞后"而导致部分牙的螺距不符合要求。

（3）车削螺纹必须通过主轴的同步运行功能实现，即车削螺纹需要有主轴脉冲发生器（编码器），如果其主轴转速选择过高，通过编码器发出的定位脉冲（即主轴每转一周时所发出的一个基准脉冲信号）将可能因"过冲"（特别是当编码器的质量不稳定时）而导致工件螺纹产生乱牙（俗称"乱扣"）。

任务六　学会在数控车床上装夹刀具与工件

一、装夹刀具

1. 安装车刀的步骤

安装车刀前先要将刀架转到正确的位置，注意刀具要和刀号对应。车刀安装在方刀架的左侧，用刀架上的至少两个螺栓压紧（操作时应逐个轮流旋紧螺栓），如图 1–31 所示。刀尖应与工件轴线等高，可用尾座顶尖校对，用垫刀片调整。刀杆中心线应与进给方向垂直。车刀在方刀架上伸出的长度以刀体厚度的 1.5～2 倍为宜（切断刀伸出更不宜太长）。

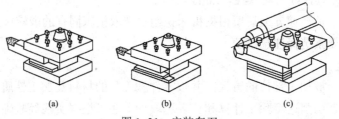

(a)　　　　　　　　(b)　　　　　　　　(c)

图 1–31　安装车刀

（a）伸出太长；（b）垫片刀不齐；（c）合适

夹紧车刀时，不得使用加力管，以免损坏刀架与车刀锁紧螺钉。

2. 安装车刀的注意事项

车外圆或横车时，如果车刀安装后刀尖高于工件轴线，会使前角增大而后角减小；相反，如果刀尖低于工件轴线，则会使前角减小，后角增大。如果刀体轴线不垂直于工件轴线，将影响主偏角和副偏角，会使切断刀切出的断面不平，甚至使刀头折断，使螺纹车刀切出的螺纹产生牙型半角误差。所以，切断刀和螺纹车刀的刀头必须装得与工件轴线垂直，以使切断刀的两副偏角相等和螺纹刀切出的螺纹牙型对称。

安装车刀应注意，刀尖应与工件中心等高或稍高。如果装得低于中心，由于切削抗力的作用，容易将刀柄压低而产生"扎刀"现象。加工孔时，刀柄伸出刀架不宜过长，一般比被加工孔长 5～6mm。

二、车削时工件的装夹方式和车床夹具

车床类夹具通常型式有自定心三爪卡盘、拨盘、顶尖和自定心中心架等。

1. 卡盘安装

三爪自定心卡盘装夹是车床上最常用的装夹方式，其结构如图 1-32 所示。用三爪自定心卡盘装夹能自动定心，装夹方便，但定心精度不高（一般为 0.05～0.08mm），夹紧力较小，适用于装夹截面为圆形、三角形、六边形的轴类和盘类中小型零件。

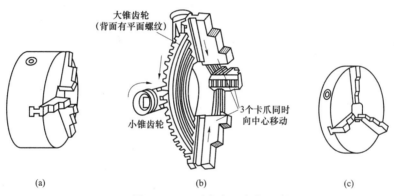

图 1-32　三爪自定心卡盘

（a）三爪自定心卡盘外形；（b）三爪自定心卡盘结构；（c）反三爪自定心卡盘

2. 顶尖装夹

较长的轴类工件在加工时常用两顶尖安装，如图 1-33 所示，工件支承在前后两顶尖之间，工件的一端用鸡心夹头夹紧，由安装在主轴上的拨盘带动旋转。这种方法定位精度高，能保证轴类零件的同轴度。另外，还可用一夹一顶的方法装夹（将工件一端用主轴上的三爪自定心卡盘夹持，另一端用尾座上的顶尖安装），这种方法夹紧力较大，适于轴在零件的粗加

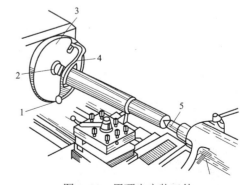

图 1-33　用顶尖安装工件

1—夹紧螺钉；2—前顶尖；3—拨盘；4—卡箍；5—后顶尖

工和半精加工。当工件调头安装时不能保证同轴度。精加工时应该用两顶尖装夹。

顶尖的结构有两种：一种是死顶尖，另一种是活顶尖（见图 1-34）。死顶尖又称为普通顶尖，顶尖头部带有 60°锥形尖端，用来顶在工件的中心孔内，以支撑工件；莫氏锥体的尾部安装在主轴孔或尾座孔内（活顶尖只用于尾座上）。由于主轴孔较顶尖锥体大，因此，安装时，须采用变径套安装。

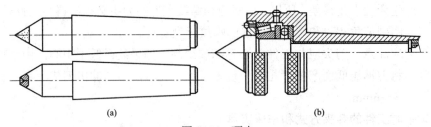

图 1-34　顶尖

（a）死顶尖；（b）活顶尖

用顶尖安装工件时，须在工件两端用中心钻加工出中心孔，如图 1-35 所示。中心孔分普通中心孔（A 型中心孔）和双锥面中心孔（B 型中心孔），中心孔要求光滑平整，在用死顶尖安装工件时，中心孔内应加入润滑脂。

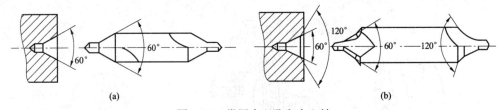

图 1-35　常用中心孔和中心钻

（a）加工普通中心孔；（b）加工双锥面中心孔

3. 中心架和跟刀架

中心架的应用如图 1-36 所示，用于长径比大于 15 的细长轴类零件的加工。这种装夹方法可增加工件的刚性，使工件变形小。

跟刀架的应用如图 1-37 所示，主要用于长径比大于 15 的细长轴类零件的半精加工和精加工，以增加工件的刚度。跟刀架安装在床鞍上，可以随床鞍一起移动。跟刀架一般放在车刀的前面，以防止跟刀架支撑爪擦伤工件的已加工表面。

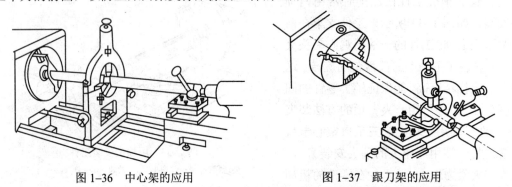

图 1-36　中心架的应用　　　　　　　　图 1-37　跟刀架的应用

4. 心轴装夹

为了提高生产率，保证产品质量，车削对同轴度要求较高的盘类工件时，常用心轴装夹工件。图 1-38 为有锥度光心轴，这种心轴靠其配合面的摩擦力来传递切削力，所以不可承受大的切削力，一般用于精加工。图 1-39 为带螺母压紧的实体心轴，当工件内孔的长度与内径之比小于 1~1.5 时常采用。这种心轴的圆柱面与工件内孔常用间隙配合，定位精度较差且对工件内孔与其左侧面的垂直度要求很高。图 1-40 为可胀心轴，当拧紧螺母 2 时，开口套筒 1 胀开，夹紧工件，这种夹紧方法效率较高。

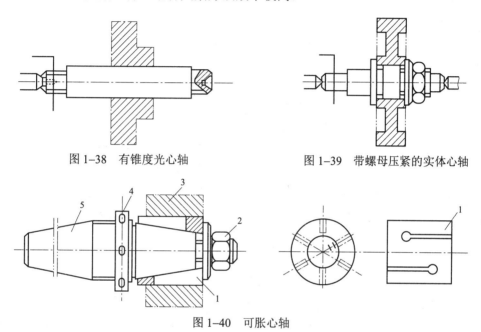

图 1-38　有锥度光心轴　　　　　　　　图 1-39　带螺母压紧的实体心轴

图 1-40　可胀心轴

1—开口套筒；2、4—螺母；3—工件；5—圆锥面

三、装夹工件

1. 装夹工件的方法

在数控车床上安装工件应使被加工表面的轴线与数控车床主轴回转轴线重合，保证工件处于正确的位置，同时要将工件夹紧以防在切削力的作用下工件松动或脱落，保证工件安全。图 1-41 为毛坯短轴的安装示意，要领如下：张开卡爪，张开量略大于工件直径，右手持稳工件，将工件平行地放入卡爪内，并作稍稍转动，使工件在卡爪内的位置基本合适；左手转动卡盘扳手，将卡爪拧紧，待工件轻轻夹紧后，右手方可松开工件。注意，在满足加工需要的情况下，尽量减少工件的伸出长度。

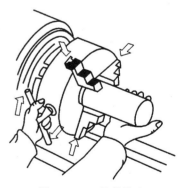

图 1-41　工件的装夹

根据工件的形状、大小和加工数量不同，在车床上装夹工件可以采用不同的装夹方法，而在车床上安装工件所用的附件有三爪自定心卡盘、四爪单动卡盘、顶尖、心轴、中心架、

跟刀架、花盘和角铁等。

2. 车削零件的找正与夹紧

（1）轴类零件在三爪自定心卡盘的找正。轴类零件的找正方法如图 1-42（a）所示，通常找正外圆位置 1 和位置 2 两点。先找正位置 1 处外圆，后找正位置 2 处外圆。找正位置 1 时，可看出零件是否圆整；找正位置 2 时，应用铜棒敲击靠近针尖的外圆处，直到零件旋转一周两处针尖到零件表面距离均等时为止。

（2）盘类零件在三爪自定心卡盘的找正。盘类零件的找正方法如图 1-42（b）所示，通常需要找正外圆和端面两处。找正位置 1 与轴类零件的找正位置 1 相同；找正位置 2 时，应用铜棒敲击靠近针尖的端面处，直到零件旋转一周两处针尖到零件端面距离均等时为止。

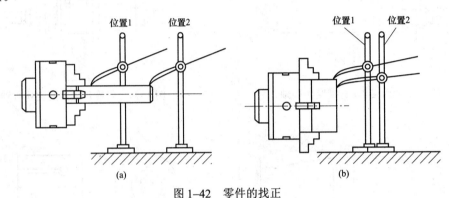

图 1-42　零件的找正

（a）轴类零件的找正方法；（b）盘类零件的找正方法

（3）零件的夹紧。零件的夹紧操作要注意夹紧力与装夹部位，是毛坯时夹紧力可大些；是已加工表面，夹紧力就不可过大，以防止夹伤零件表面，还可用铜皮包住表面进行装夹；有台阶的零件尽量让台阶靠着卡爪端面装夹；带孔的薄壁件需用专用夹具装夹，以防止变形。

任务七　数控车削加工工艺分析

一、精度及技术要求分析

对被加工零件的精度及技术要求进行分析，是零件工艺性分析的重要内容，只有在分析零件精度和表面粗糙度的基础上，才能对加工方法、装夹方式、进给路线、刀具及切削用量等进行正确而合理的选择。精度及技术要求分析的主要内容如下。

（1）分析精度及各项技术要求是否齐全、合理。对采用数控加工的表面，其精度要求应尽量一致，以便最后能一刀连续加工。

（2）分析本工序的数控车削加工精度能否达到图样要求，若达不到要求需采取其他措施（如磨削）弥补时，注意给后续工序留有余量。

（3）找出图样上有较高位置精度要求的表面，这些表面应在一次装夹下完成。

（4）对表面粗糙度要求较高的表面，应确定用恒线速切削。

二、工序的划分

对于需要多台不同的数控机床、多道工序才能完成加工的零件，工序划分自然以机床为单位来进行。而对于需要很少的数控机床就能加工完零件全部内容的情况，数控加工工序的划分一般可按下列方法进行。

1. 以一次安装所进行的加工作为一道工序

将位置精度要求较高的表面安排在一次安装下完成，以免多次安装所产生的安装误差影响位置精度。以图 1–43 所示的轴承内圈为例，轴承内圈有一项形位公差要求，壁厚差是指滚道与内径在一个圆周上的最大、最小壁厚之差。此零件的精车，原采用三台液压半自动车床和一台液压仿形车床加工，需 4 次装夹，滚道与内径分在两道工序车削（无法在一台液压仿形车床上将两面一次安装同时加工出来），因而造成较大的壁厚差，达不到图样要求。后改用数控车床加工，两次装夹完成全部精车加工。第一道工序采用图 1–43（a）所示的以大端面和大外径定位装夹的方案，滚道和内孔的车削及除大外径、大端面及相邻两个倒角外的所有表面均在这次装夹内完成。由于滚道和内径同在此工序车削，壁厚差大为减小，且加工质量稳定。此外，该轴承内圈小端面与内径的垂直度、滚道的角度也有较高要求，因此也在此工序内同时完成。第二道工序采用图 1–43（b）所示的以内孔和小端面定位装夹方案，车削大外圆和大端面及倒角。

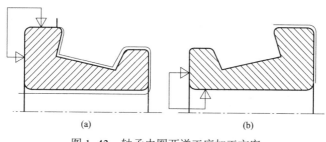

图 1–43　轴承内圈两道工序加工方案
（a）第一道工序；（b）第二道工序

2. 以一个完整数控程序连续加工的内容为一道工序

有些零件虽然能在一次安装中加工出很多待加工面，但考虑到程序太长，会受到某些限制，如控制系统的限制（主要是程序存储容量）、机床连续工作时间的限制（如一道工序在一个工作班内不能结束）等；此外，程序太长会增加出错率，查错与检索困难，因此程序不能太长。这时，可以以一个独立、完整的数控程序连续加工的内容为一道工序。在本工序内用多少把刀具，加工多少内容，主要根据控制系统的限制、机床连续工作时间的限制等因素考虑。

3. 以粗、精加工划分工序

对于容易发生加工变形的零件，通常粗加工后需要进行矫形，这时粗加工和精加工作为两道工序，可以采用不同的刀具或不同的数控车床加工。对毛坯余量较大和加工精度要求较高的零件，应将粗车和精车分开，划分成两道或更多的工序。将粗车安排在精度较低、功率较大的数控车床上，将精车安排在精度较高的数控车床上。

下面以车削图 1–44（a）所示手柄零件为例，说明工序的划分。

该零件加工所用坯料为 $\phi32$mm 棒料，批量生产，加工时用一台数控车床，工序划分如下：

第一道工序，按图 1–44（b）所示将一批工件全部车出，包括车断，夹棒料外圆柱面，工序内容有：先车出 $\phi12$mm 和 $\phi20$mm 两圆柱面及圆锥面（粗车掉 $R42$mm 圆弧的部分余量），换刀后按总长要求留下加工余量切断。

第二道工序，如图 1–44（c）所示，用 $\phi12$mm 外圆及 $\phi20$mm 端面装夹，工序内容有：先车削 $SR7$mm 球面的 30° 圆锥面，然后对全部圆弧表面半精车（留少量的精车余量），最后换精车刀将全部圆弧表面一刀精车成形。

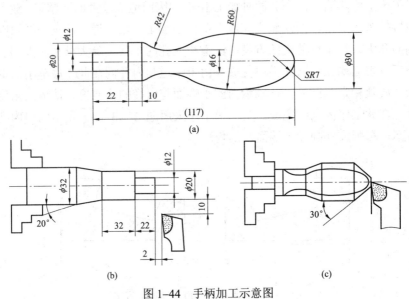

图 1–44　手柄加工示意图
（a）手柄零件；（b）第一道工序；（c）第二道工序

综上所述，在数控加工划分工序时，一定要视零件的结构与工艺性、零件的批量、机床的功能、零件数控加工内容的多少、程序的大小、安装次数及本单位生产组织状况灵活掌握。零件宜采用工序集中的原则还是采用工序分散的原则，也要根据实际情况来确定，但一定要力求合理。

对于回转类零件，非数控车削加工工序和数控加工工序与普通工序的衔接也应做出合理安排。

4. 以工件上的结构内容组合用一把刀具加工为一道工序

有些零件结构较复杂，既有回转表面也有非回转表面，既有外圆、平面也有内腔、曲面。对于加工内容较多的零件，按零件结构特点将加工内容组合分成若干部分，每一部分用一把典型刀具加工。这时，可以将组合在一起的所有部位作为一道工序，然后再将另外组合在一起的部位换另外一把刀具加工，作为新的一道工序，这样可以减少换刀次数，减少空程时间。

三、零件表面数控车削加工方案的确定

一般根据零件的加工精度、表面粗糙度、材料、结构形状、尺寸及生产类型确定零件表面的数控车削加工方法及加工方案。

（1）加工精度为IT7～IT8级、Ra 0.8～1.6μm 的除淬火钢以外的常用金属，可采用普通型数控车床，按粗车、半精车、精车的方案加工。

（2）加工精度为IT5～IT6级、Ra 0.2～0.63μm 的除淬火钢以外的常用金属，可采用精密型数控车床，按粗车、半精车、精车、细车的方案加工。

（3）加工精度高于IT5级、Ra<0.08μm 的除淬火钢以外的常用金属，可采用高档精密型数控车床，按粗车、半精车、精车、精密车的方案加工。

（4）对淬火钢等难车削材料，其淬火前可采用粗车、半精车的方法，淬火后常安排磨削加工。

四、工序顺序的安排

（1）基准先行。零件加工一般多从精基准的加工开始，再以精基准定位加工其他表面。因此，选作精基准的表面应安排在工艺过程起始工序先进行加工，以便为后续工序提供精基准。例如，轴类零件先加工两端中心孔，然后再以中心孔作为精基准，粗、精加工所有外圆表面。

（2）先粗后精。精基准加工好以后，整个零件的加工工序应是粗加工工序在前，相继为半精加工、精加工及光整加工。在对重要表面精加工之前，有时需对精基准进行修整，以利于保证重要表面的加工精度，如主轴的高精度磨削时，精磨和超精磨削前都须研磨中心孔；精密齿轮磨齿前，也要对内孔进行磨削加工。这里的先粗后精需分开进行，即在不同的工序内完成。

（3）先主后次。根据零件的功用和技术要求，先将零件的主要表面和次要表面分开，然后先安排主要表面的加工，再把次要表面的加工工序插入其中。次要表面一般指键槽、螺纹孔、销孔等表面。这些表面一般都与主要表面有一定的相对位置要求，应以主要表面作为基准进行次要表面加工，所以次要表面的加工一般放在主要表面的半精加工以后、精加工以前一次加工结束。也有放在最后加工的，但此时应注意不要碰伤已加工好的主要表面。

（4）先加工平面后加工孔，先加工简单的几何形状再加工复杂的几何形状。

（5）以相同定位、夹紧方式安装的工序，最好接连进行，以减少重复定位次数和夹紧次数。

（6）中间穿插有通用机床加工工序的，要综合考虑合理安排其加工顺序。

上述工序顺序安排的一般原则不仅适用于数控车削加工工序顺序的安排，也适用于其他类型的数控加工工序顺序的安排。

五、工步顺序安排及进给路线的确定

1. 工步顺序安排的一般原则

（1）先粗后精。这一原则与工序顺序安排中的先粗后精原则内涵不同。工步顺序中的

先粗后精指对粗、精加工在同一道工序内进行的，先对各表面进行粗加工，全部粗加工结束后再进行半精加工和精加工，逐步提高加工精度。此工步顺序安排的原则要求粗车在较短的时间内将工件各表面上的大部分加工余量（如图 1-45 中的双点画线内所示部分）切掉，一方面提高金属切除率，另一方面满足精车的余量均匀性要求。若粗车后所留余量的均匀性满足不了精加工的要求，则要安排半精车，以此为精车做准备。此原则实质是在一个工序内分阶段加工，这样有利于保证零件的加工精度，适用于精度要求高的场合，但可能增加换刀的次数和加工路线的长度。

（2）先近后远。这里所说的远与近，是按加工部位相对于程序开始点（下刀点）的距离远近而言的。在一般情况下，离程序开始点远的部位后加工，以便缩短刀具移动距离，减少空行程时间。例如，当加工图 1-46 所示零件时，如果按 $\phi 40mm$、$\phi 38mm$、$\phi 36mm$、$\phi 34mm$ 的次序安排车削，会增加刀具返回程序开始点所需的空行程时间，还可能使台阶的外直角处产生毛刺（飞边）。对这类直径相差不大的台阶轴，当第一刀的背吃刀量（图中最大背吃刀量可为 3mm 左右）未超限时，宜按 $\phi 34mm \rightarrow \phi 36mm \rightarrow \phi 38mm \rightarrow \phi 40mm$ 的次序先近后远地安排车削。这一原则适用于精加工，粗加工难以实现。

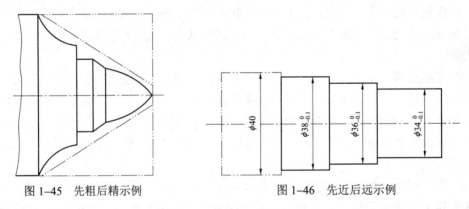

图 1-45　先粗后精示例　　　　　　图 1-46　先近后远示例

（3）内、外交叉。对既有内表面（内型、腔）又有外表面需加工的回转体零件，安排加工顺序时，应先进行内、外表面粗加工，后进行外、内表面精加工。切不可将零件上一部分表面（外表面或内表面）加工完毕后，再加工其他表面（内表面或外表面）。

（4）同一把刀能加工内容连续加工原则。此原则的含义是用同一把刀把能加工的内容连续加工出来，以减少换刀次数，缩短刀具移动距离。特别是精加工同一表面一定要连续切削，以防出现接刀痕迹。该原则与先粗后精原则有时相矛盾，能否选用以能否满足加工精度要求为准。

（5）保证工件加工刚度原则。在一道工序中进行的多工步加工，应先安排对工件刚性破坏较小的工步，后安排对工件刚性破坏较大的工步，以保证工件加工时的刚度要求。即一般先加工离装夹部位较远的、在后续工步中不受力或受力小的部位，本身刚性差又在后续工步中受力的部位一定要后加工。

上述工步顺序安排的一般原则同样适用于其他类型的数控加工工步顺序的安排。

2. 进给路线的确定

进给路线是指数控机床加工过程中刀具相对零件的运动轨迹和方向，也称走刀路线。它泛指刀具从程序开始点开始运动起，直至返回该点并结束加工程序所经过的路径，包括切削加工的路径及刀具切入、切出等非切削空行程。它不但包括了工步的内容，也反映出工步顺序。进给路线是编写程序的依据之一，因此在确定进给路线时最好画一张工序简图，将已经拟定出的进给路线画上去（包括进、退刀路线），这样可为编程带来不少方便。

（1）确定进给路线的主要原则。首先按已定工步顺序确定各表面加工进给路线的顺序；所定进给路线应能保证工件轮廓表面加工后的精度和表面粗糙度要求。

寻求最短加工路线（包括空行程路线和切削路线），减少行走时间以提高加工效率。

要选择工件在加工时变形小的路线，对横截面积小的细长零件或薄壁零件应采用分几次走刀加工到最后尺寸或对称去余量法安排进给路线。

（2）确定进给路线。主要在于确定进刀走刀方式、退刀方式、粗加工及空行程的进给路线，而精加工切削过程的进给路线基本上都是沿零件轮廓顺序进行的，没有探究的必要。

1）进刀走刀方式。数控车削加工应根据毛坯类型和工件形状确定进刀走刀方式，以达到减少循环走刀次数、提高加工效率的目的。轴套类零件的进刀走刀方式是径向进刀、轴向走刀，循环切除余量的循环终点在粗加工起点附近，这样可以减少走刀次数，避免不必要的空走刀，节省加工时间。轮盘类零件的进刀走刀方式是轴向进刀、径向走刀，循环去除余量的循环终点在粗加工起点。编制轮盘类零件的加工程序时，与轴套类零件相反，是从大直径端开始加工。

2）退刀路线。数控机床加工过程中，为了提高加工效率，刀具从起始点或换刀点运动到接近工件部位及加工完成后退回起始点或换刀点是以快速方式运动的。数控系统退刀路线原则是：第一考虑安全性，即在退刀过程中不能与工件发生碰撞；第二考虑使退刀路线最短。刀具加工零件部位的不同，退刀的路线确定方式也不同，数控车床常用以下三种退刀方式。

a）斜线退刀方式。斜线退刀方式路线最短，适用于加工外圆表面的偏刀退刀，如图1–47所示。

b）径—轴向退刀方式。这种退刀方式是刀具先径向垂直退刀，到达指定位置时再轴向退刀，如图1–48所示。车槽即采用此种退刀方法。

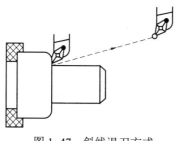

图1–47 斜线退刀方式

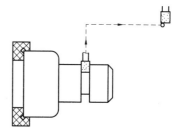

图1–48 径—轴向退刀方式

c）轴—径向退刀方式。这种退刀方式与径—轴向退刀方式恰好相反，如图 1-49 所示。粗镗孔即采用此种退刀方式。精镗孔通常先径向退刀再轴向退刀至孔外，再斜线退刀。

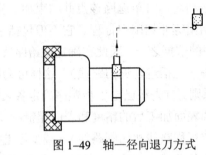

图 1-49　轴—径向退刀方式

学会操作 FANUC 系统数控车床

任务一　认识数控车床操作面板

一、FANUC 数控车削系统操作面板的组成

FANUC 0–TD 数控车削系统的操作面板如图 2–1 所示，它由 CRT 显示器和 MDI 键盘两部分组成。

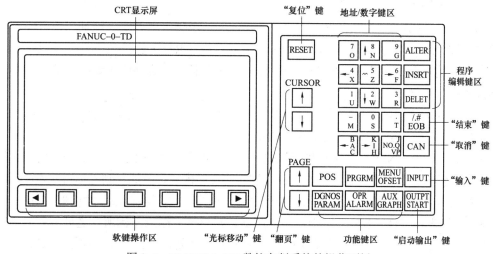

图 2–1　FANUC 0–TD 数控车削系统的操作面板

二、FANUC 数控车削系统操作面板功能简介

1. CRT 显示器

CRT 显示器可以显示车床的各种参数和状态。如显示车床参考点坐标，刀具起始点坐标，输入数控系统的指令数据，刀具补偿量的数值，报警信号，自诊断结果等。

在 CRT 显示器的下方有软键操作区，共有 7 个软键，用于各种 CRT 画面的选择。

（1）中间 5 个软键。其功能由显示器上相应位置所显示内容而定。

（2）左端的软键（◄）。由中间的 5 个软键选择操作功能后，按此键返回最初画面状态，即在 MDI 键盘上选择操作功能时的画面状态。

（3）右端的软键。（►）。用于显示当前操作功能画面未显示完的内容。

2. MDI 键盘

（1）功能键区。共有 6 个功能键，用于选择数控车床的各种操作功能。

● "位置"键（POS）：用于当前数控车床位置的显示。

●"程序"键（PRGRM）：用于程序的显示。在编辑方式下，编辑、显示存储器里的程序；在手动数据输入方式下，输入、显示手动输入数据；在车床自动运行方式下，显示程序指令值。

●"偏置量"键（MENU/OFSET）：用于设定和显示刀具的偏置量和宏程序变量。

●"参数诊断"键（DGNOS/PARAM）：用于系统参数的设定和显示及自诊断数据的显示。

●"报警操作"键（OPR/ALARM）：用于报警号的显示。

●"图形显示"键（AUX/GRAPH）：用于图形的显示。

（2）"输入"键（INPUT）。按此键，可输入参数和刀具补偿值等，也可以在手动数据输入方式下输入命令数据，还可用于输入/输出设备的输入开始。当按字母或者数字键后再按该键，数据就被输入到缓存区，并且显示在屏幕上。

（3）"启动输出"键（OUTPT/START）。按此键，便可执行手动数据输入方式下的命令，还可用于输入/输出设备的输出开始。

（4）地址/数字键区。该键区共有 15 个键，同一个键可用于输入地址，也可输入数值及符号。按"地址/数字"键后，输入的信息都显示在 CRT 屏幕的最下一行，此时只是把相关的信息输入到了缓冲寄存器中，若想把缓冲寄存器中的信息输入到偏置寄存器中，则必须按"插入"键。

（5）程序编辑键区。用于数控加工程序的编辑。

●"修改"键（ALTER）。用于程序的修改。

●"插入"键（INSRT）。用于程序的输入。按该键可在程序中插入新的程序内容或新的程序段，先输入新的程序内容，再按该键，则新的程序内容将被插入到光标所在点的后面；使用该键还可以建立新程序，先输入新的程序号，再按该键，则在系统中将建立新的程序。

●"删除"键（DELET）。用于程序的删除。按该键可删除光标所在之处的程序内容，如要删除某一程序内容，可先移动光标到达所需删除之处，再按该键，可达到删除程序内容的目的。

（6）"结束"键（EOB）。用于程序段结束号"；"的输入。

（7）"取消"键（CAN）。按这个键删除最后一个进入输入缓存区的字母或符号。

（8）"光标移动"键（CURSOR）。在 CRT 屏幕上，CURSOR↓键将光标向下移，CURSOR↑将光标向上移。

（9）"翻页"键（PAGE）。该键用于将屏幕显示的页面整幅更换，在 CRT 屏幕上，PAGE↓键向后翻页，PAGE↑键向前翻页。

（10）"复位"键（RESET）。用于解除报警，使数控系统复位。当数控车床自动运行时，按此键，则数控车床的所有运动都停。

三、FANUC 系统操作面板功能键的使用

1."位置"键（POS）

按该功能键，再按相应的软键可以显示如下内容：

（1）绝对坐标。按软键后会显示如图 2-2 所示的绝对坐标画面，X、Z 是刀具在工件坐

标系中当前的绝对坐标，且这些值随着刀具的移动而改变。

```
现在位置（绝对坐标）
O    0001      N0000

X              0,000
Z              0,000           加工部品数      588
运行时间        254H13M        切削时间        OHOMOS
ACT, F         O     mm/分     S             OT
09, 58, 51                    TOG

[绝对]        [相对]          [总和]         [HNDL]
```

图 2-2　刀具绝对位置显示画面

（2）相对坐标。当按软键"相对"后会显示如图 2-3 所示的画面，所显示的当前坐标值是相对坐标，其他与绝对位置显示的画面相同。

```
现在位置（相对坐标）
O    0001      N0000

U              0,000
W              0,000           加工部品数      588
运行时间        254H13M        切削时间        OHOMOS
ACT, F         O     mm/分     S             OT
09, 58, 51                    TOG

[绝对]        [相对]          [总和]         [HNDL]
```

图 2-3　相对坐标显示画面

（3）所有坐标。当按软键"总和"后，显示的画面内容如图 2-4 所示。

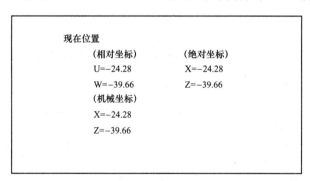

```
现在位置
        （相对坐标）          （绝对坐标）
        U=−24.28             X=−24.28
        W=−39.66             Z=−39.66
        （机械坐标）
        X=−24.28
        Z=−39.66
```

图 2-4　所有坐标显示的画面

- 相对坐标。刀具当前位置在相对坐标系中的坐标。
- 绝对坐标。刀具当前位置在绝对坐标系中的坐标。
- 机械坐标。刀具当前位置在机床坐标系中的坐标。

2."程序"键（PRGRM）

在 AUTO、MDI 或 EDIT 模式下按该功能键后，出现当前执行的程序画面，如图 2-5

所示。

```
N10  O0001:                        O0001  N0000
N20  G00  X70  Z-100
N30  T0101;
N40  M03  S1  F0.2;
N50  G00  X42  Z2;
N60  G01  X116  F0.1;
N70  G00  X42;
N80  G73  U4  R4;
N90  G73  P100  Q180  U0.5F0.2;
N100 G01  G01  Z0;
           ADRS        S     OT
                       EDIT
        [程式]    [LIB]    [I/O]
```

图 2-5　程序内容显示画面

光标移动到当前执行程序段上，按对应的软键如下：

● 软键"CURRNT"。显示当前执行程序状态，并显示在 AUTO 或 MDI 操作方式下的模态指令。

● MDI 模式。在 MDI 模式下显示从 MDI 输入的程序段和模态指令，并可进行单段程序的编辑和执行。

● EDIT 模式。在该模式下按相应的软键，可进行程序编辑、修改、文件的查找等操作。

3. "偏置量"键（MENU/OFSET）

按该功能键后可以进行刀具补偿值的设置和显示、工件坐标系平移值设置、宏变量设置、刀具寿命管理设置以及其他数据设置等操作。

（1）刀具补偿值的设置和显示。

1）在 EDIT、AUTO、MDI、STEP/HANDLE、JOG 操作模式下按功能键"MENU/OFSET"。

2）按功能键"PAGE"后翻页出现如图 2-6 和图 2-7 所示的画面。

3）用光标"CURSOR"键将光标移到要设置或修改的补偿值处。

4）输入补偿值并按"INPUT"键。

工具补正/形状				
番号	X	Z	R	T
G 01	0.500	-456.00	0.000	0
G 02	-373.161	-369.810	0.000	0
G 03	-357.710	-405.387	0.000	0
G 04	-263.245	-469.410	0.000	0
现在位置（相对坐标）				
U	-124.722	W	-182.476	
ADRS		S	0T	
[磨耗]	[形状]	[工件移]	[MACRO]	[进尺]

图 2-6　刀具几何补偿设置画面

```
┌─────────────────────────────────────────────────────────────┐
│  工具补正/磨耗                                                  │
│                                                               │
│    番号      X          Z          R          T              │
│    W  01    0.000      0.000      0.000      0               │
│    W  02    0.000      0.000      0.000      0               │
│    W  03    0.000      0.000      0.000      0               │
│    W  04    0.000      0.000      0.000      0               │
│                                                               │
│  现在位置（相对坐标）                                            │
│      U    −124.722    W   −182.476                            │
│    ADRS          S          0T                                │
│    [磨耗]      [形状]      [工件移]    [MACRO]        [进尺]    │
└─────────────────────────────────────────────────────────────┘
```

图 2-7　刀具磨损补偿设置画面

（2）刀具补偿值的直接输入。当编辑中使用的刀具参考位置（标准刀具刀尖、刀架中心等）与实际使用的刀具尖端位置之间有差异时，将其差值设置为补偿值。在进行这项操作时，应先设置好工件坐标系。

4."参数诊断"键（DGNOS/PARAM）

该功能键用于机床参数的设定和显示及诊断资料的显示等，如机床时间、加工工件的计数、公制和英制、半径编程和直径编程，以及与机床运行性能有关的系统参数的设置和显示。如图 2-8 所示。用户一般不用改变这些参数，只有非常熟悉各个参数，才能进行参数的设置或修改，否则会发生预想不到的后果。

```
┌─────────────────────────────────────────────────────────────┐
│   （设定 1）              00001    N000                        │
│  TVON=1                                                       │
│  TSO=1          (O:EIA   1:ISO)                               │
│  INCH=0         (0:MM    1:INCH)                              │
│  I0=1                                                         │
│  顺序=0                                                        │
│  番号 TVON              EDIT                                   │
│  [参数]      [诊断]    [    ]      [SV-PRM]    [    ]          │
└─────────────────────────────────────────────────────────────┘
```

图 2-8　按"DGNOS/PARAM"键

5."报警操作"键（OPR/ALARM）

该功能键主要用于数控车床中出现的警告信息的显示，如图 2-9 所示。每一条显示的警告信息都按错误编号进行分类，可以按该编号去查找其具体的错误原因和消除的方法。有的警告信息不在显示画面中出现，而是在操作面板上闪烁，这时可以先按功能键"OPR/ALARM"，再按软键"ALARM"即可显示错误信息及其编号。

6."图形显示"键（AUX/GRAPH）

图形功能显示刀具在自动运行期间的移动过程，如图 2-10 所示。显示的方法是将编程的刀具轨迹显示在 CRT 上，以便于通过观察 CRT 上的刀具轨迹来检查加工进程。显示的图形可以放大或缩小。在显示刀具轨迹前必须设置绘图坐标参数和图形参数。

操作MESSAGE　　O0001　N000

S　0T

EDIT

[ALARM]　[操作PN]　[MESSAGE]　[　]

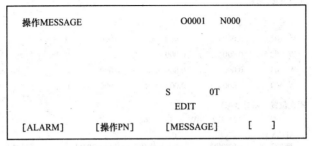

图 2–9　按“OPR/ALARM”键

材料长 W=100　　描画终了单节N=0

材料径 D=100　　消去　A=1

限制　L=1

画面中心坐标　X=26

Z=34

倍率　S=100

番号W=　S　0T

[图形]　[　]　[扩大]　[　]　[辅助]

图 2–10　图形显示功能画面

四、机床操作面板的组成及其使用方法

1. 机床操作面板的组成

机床操作面板的功能和按钮的排列与具体的数控车床的型号有关，图 2–11 和图 2–12 所示为 CYNCP–320 型数控车床的操作面板，各主要按钮的作用将在下面介绍。

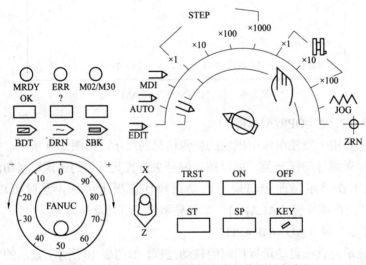

图 2–11　CYNCP–320 型数控车床操作面板左半部

2. 工作方式选择开关的使用方法

方式选择开关如图 2–13 所示，共有以下 7 种工作方式。

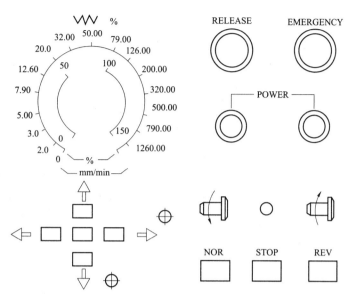

图 2-12　CYNCP-320 型数控车床操作面板右半部

● EDIT　程序编辑方式，编辑一个已存储的程序。

● AUTO　程序自动运行方式，自动运行一个已存储的程序。

● MDI　手动数据输入方式，直接运行手动输入的程序。

● STEP　步进进给方式。

● HANDLE　手摇脉冲方式，使用手轮，步进的值由手轮开关来选择，该方式在图 2-13 中标注了"手轮"图案。

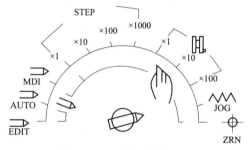

图 2-13　工作方式选择开关

● JOG　手动进给方式，使用点动键或其他手动开关。

● ZRN　回零方式，手动返回参考点。

机床的一切运行都是围绕着上述 7 种工作方式进行的，也就是说，机床的每一个动作，都必须在某种方式确定的前提下才有实际意义。另外，在这 7 种方式中，把 MDI 方式、AUTO 方式和 EDIT 方式统称为自动方式，把 INC 方式、HANDLE 方式、JOG 方式和 ZRN 方式统称为手动方式。自动方式和手动方式最本质的区别在于，自动方式下机床的控制是通过程序执行 G 代码和 M、S、T 指令来达到机床控制的要求，而手动方式是通过面板上其他驱动按键和倍率开关的配合来达到控制目的。

3. 各种启动和停止开关的作用

（1）ST：循环启动按钮；SP：循环停止按钮，如图 2-11 所示。ST 开关是用来在 AUTO 方式，MDI 方式下启动程序，在自动方式下，只要按一下 ST 启动按钮，程序就开始运行，并且 ST 开关指示灯开始闪烁，当按一下 SP 停止按钮时，程序暂停，指示灯亮（不闪烁），这时只要再按一下 ST 循环启动按钮，程序将继续执行，ST 指示灯又开始继续闪烁。在急停或复位情况下，程序复位，指示灯灭。

（2）KEY 开关：是写保护开关，如图 2-11 所示。当把这个开关打开的时候，用户加工程序可以进行编辑，参数可以进行改变，当把这个开关关闭的时候，程序和参数得到保护，不能进行修改。

（3）TRST 开关：手动换刀开关，如图 2-11 所示。TRST 开关只能在手动方式下（INC、HANDLE、JOG）有效，在手动方式下，一直按着 TRST 开关，刀架电机就一直朝着正方向旋转，并且指示灯发光指示。当放开 TRST 开关，刀架继续旋转，直到找到最近一个刀位时，电机停止并反向锁紧，这时指示灯熄灭，换刀结束。

（4）ON：水泵启动开关；OFF：水泵停止开关，如图 2-11 所示。当按下 ON 水泵启动开关，水泵电机就启动，可以进行冷却。当按一下 OFF，水泵电机就停止。水泵启停确认方式在任何方式下都有效。另外，水泵的启动停止也可以通过 M08、M09 进行控制。

（5）NOR 开关：手动主轴正转开关，如图 2-12 所示。

（6）REV 开关：手动主轴反转开关，如图 2-12 所示。

（7）STOP：手动主轴停止开关。手动主轴正转开关、反转开关和停止开关只能在手动方式下有效。当在手动方式下，按下 NOR 开关并保持 2s，电机就开始正转。在一上电的情况下，电动机以低速转动，当按一下 STOP 开关时，主轴电机停止，并且通过刹车盘进行刹车控制，在一般情况下，刹车动作保持 4s，如图 2-11 所示。主轴电机停止也可能通过 CRT 上的 RESET 复位按钮和用户面板上的 EMMEGE EMECGENCY 急停按钮来进行控制。

4. 功能按钮介绍

（1）DRN：空运行开关，如图 2-11 所示。这个开关是锁紧开关，当按一下时，DRN 指示灯亮，再按一下时，指示灯熄灭。当 DRN 指示灯亮的时候，说明 DRN 空运行有效。在 DRN 有效的情况下，当快速移动开关有效时，机床以手动进给时最大进给倍率对应进给速度运行。一般情况下，这个功能开关是在试运行程序时运用。在程序加工过程中，不提倡运用这个功能。

注：这个功能要在 PLC 开关"空运行"为 ON 时有效。

（2）BDT：程序跳转开关，如图 2-11 所示。这个开关是锁紧开关。当按一下时，BDT 指示灯亮，再按一下时，指示灯熄灭。当 BDT 指示灯亮的时候，说明 BDT 跳转功能有效。在 BDT 功能有效情况下，当程序执行到前面有反斜杠"/"的程序段时，程序就跳过这一段。这个功能要在 PLC 开关"单节 SKIP"为 ON 时才有效。

（3）SBK：程序单段开关，如图 2-11 所示。指示灯亮的时候，说明程序单段有效。在 SBK 有效的情况下，程序每执行完一段暂停，按一下 ST 循环启动开关，程序又执行下一段，以此类推。要想取消 SBK 功能，只要再按一下 SBK 开关，让 SBK 功能指示灯熄灭即可。

注：这个功能要在 PLC 开关"单节"为 ON 时有效。

5. 进给倍率开关

如图 2-12 所示，这个开关有双层数字标识符号，外层数字符号表示手动进给倍率，当在 JOG 方式下，按方向进给键时，伺服电机就按这些符号标示的进给速度进给。例如在 200.00 挡位上时，按下"+X"方向键，X 轴就以 F200.00 的进给速度朝 X 轴正方向连续进给。内层的数字符号表示程序倍率，例如，在 50% 的挡位上时，如果程序设定的进给速度是 F400.00mm/min 时，那么机床就是以 F400×50%=F200.00 的实际进给速度进给。

6. 超程释放按钮（RELEASE）

如图 2-12 所示，在机床正面有一个超程释放按钮（RELEASE）。当机床碰到急停限位时，EMG 急停中间继电器失电，机床急停报警，要想解除急停报警，按超程释放按钮，用手轮方式移出限位区域，按复位按钮解除报警即可。

7. 急停按钮开关（EMERGENCY）

如图 2-12 所示，在机床正面有一个急停按钮（EMERGENCY）。在遇到紧急情况时，立即按下该按钮，这时机床紧急停止，主轴也立即紧急刹车。当清除故障因素后，急停按钮复位，机床操作正常。

任务二 数控程序的编辑和管理

在本任务中，将针对图 2-1（FANUC 车削系统操作面板）、图 2-11 和图 2-12（数控车床操作面板）进行操作，介绍 FANUC 系统数控程序的编辑和管理方法。本任务下列操作中，"方式选择"开关见图 2-11 和 2-12，其他键均见图 2-1。

一、新程序的创建

（1）旋转"方式选择"开关到程序编辑（EDIT）方式。

（2）按操作板面上的 PROG 功能键。

（3）按地址键 O，并在其后输入程序号××××。

（4）按 INSRT 键后，O×××× 被输入到程序显示区。

（5）输入程序内容。

二、字的插入、修改和删除方法

（1）选择"方式选择"开关到程序编辑（EDIT）方式。

（2）按操作板面上的 PROG 功能键。

（3）选择要编辑的程序。

如果要编辑的程序未被选择，用程序号检索。按显示屏下的软键[DIR]，显示所有存储的程序号。利用地址键 O 和数字键，输入有关程序号 O××××，并按显示屏下的软键[O检索]，该编号的程序将被调出并显示在显示屏上。

如果要编辑的程序已被选择（即要编辑的程序在画面中已显示出来），直接执行下一步操作。

（4）检索要修改的字，可运用下述两种方法：

1）扫描方法。

2）字检索方法。

（5）执行字的修改、插入或删除。

修改：键入数据，按 ALTER 键；

插入：键入数据，按 INSRT 键；

删除：选中要删除的字，按 DELET 键。

在程序执行期间，如果通过程序单段运行或进给中停等操作，使程序暂停，对程序进行修改、插入或删除后，必须使系统进入复位状态，或者在程序的编辑结束后、程序执行前，使系统复位。系统才能按修改后的程序运行。

三、程序扫描的步骤

（1）按光标键→，光标在屏幕上向前逐字移动，光标在被选择字处显示。

（2）按光标键←，光标在屏幕上往回逐字移动，光标在被选择字处显示。

（3）持续按光标键→或←，连续扫描字。

（4）按光标键↓，下一个程序段的第一个字被检索。

（5）按光标键↑，前一个程序段的第一个字被检索。

（6）持续按光标键↓或↑，光标连续移动到程序段开头。

（7）按翻页键 PAGE↓，显示下一页并检索到该页的第一个字。

（8）按翻页键 PAGE↑，显示上一页并检索到该页的第一个字。

（9）持续按翻页键 PAGE↓或 PAGE↑，一页接一页地显示。

四、指向程序头的步骤

将光标移到程序的起始位置，该功能称为将程序指针指向程序头。主要有下面三种方法。

方法1：

在 EDIT（程序编辑）方式，当选择程序画面时，按 RESET 键。当光标已经返回到程序的开始处时，在画面上从头开始显示程序的内容。

方法2：

（1）在 MEM（存储器运行）方式或 EDIT（程序编辑）方式，当选择程序画面时，按地址 O。

（2）输入程序号 O××××。

（3）按软键[O 检索]。

方法3：

（1）选择 MEMORY（存储器运行）方式或程序编辑（EDIT）方式。

（2）按 PROG 功能键。

（3）按软键[操作]。

（4）按软键[REWIND]。

五、检索字的步骤

例如检索 M03 的步骤如下：

（1）键入 M。

（2）按[检索↓]键。

检索操作完成时，光标显示在 M03 处。

按[检索↑]键，则按反方向执行检索。

六、检索程序号的步骤

当存储器中存有多个程序时，可以对程序进行检索，检索有以下两种方法。

方法1：

（1）选择程序编辑（EDIT）或 MEM 存储器运行）方式。

（2）按 PROG 键显示程序画面。

（3）键入地址 O 键。

（4）键入要检索的程序号××××。

（5）按[O 检索]键。

检索操作完成后，程序显示在画面上，并在 CRT 屏幕的右上角显示被检索的程序号。如果程序未找到，则产生 P/S 报警 71 号。

方法2：

（1）选择程序编辑（EDIT）或 MEMORY（存储器运行）方式。

（2）按 PROG 键显示程序画面。

（3）按[O 检索]键。

七、检索顺序号的步骤

顺序号检索用于检索程序中的顺序号，从而可在此顺序号的程序段处实现启动或再启动，期间不检索子程序。

（1）选择 MEMORY（存储器运行）方式。

（2）按 PROG 功能键。

（3）如果程序包含有要检测的顺序号，执行下面第（4）至第⑥步操作。如果程序不<包含要检测的顺序号，则选择包含要检测顺序号的程序。

（4）键入地址 N 键。

（5）键入要检测的顺序号。

（6）按[N 检索]键。

完成检索操作时，检索的顺序号显示在 CRT 屏幕的右上角。如果在当前选择程序中没有找到指定的顺序号，则产生 P/S 报警（NO.060）。

八、删除程序的步骤

在存储器中存储的程序可以一个一个地删除，也可以同时全部删除，还可以指定一个范围来删除多个程序。

1. 删除一个程序的步骤

（1）选择程序编辑（EDIT）方式。

（2）按 PROG 键显示程序画面。

（3）键入地址 O 键。

（4）键入要求的程序号××××。

（5）按键 DELET 键。

（6）按显示屏左下角的确认软键[EXEC]，键入程序号的程序被删除。

2. 删除存储器中全部程序的步骤

（1）选择程序编辑（EDIT）方式。

（2）按 PROG 键显示程序画面。

（3）键入地址 $\boxed{O}$ 键。

（4）键入数字-9999。

（5）按键 $\boxed{DELET}$ 键。

（6）按显示屏左下角的确认软键[EXEC]，删除全部程序。

3. 删除存储器中指定范围内多个程序的步骤

（1）选择程序编辑（EDIT）方式。

（2）按 $\boxed{PROG}$ 键显示程序画面。

（3）按下面的格式用地址键和数字值输入要删除程序的程序号范围：OXXXX，OYYY，其中 XXXX 为起始号，YYYY 为结束号。

（4）按键 $\boxed{DELET}$ 键。

（5）按显示屏左下角的确认软键[EXEC]，删除 NO.XXXX 至 NO.YYYY 的程序。

九、删除一个或多个程序段的步骤

1. 删除一个程序段的步骤

（1）检索或扫描要删除程序段的地址 N。

（2）键入 $\boxed{EOBE}$ 键。

（3）按 $\boxed{DELET}$ 键。

2. 删除多个程序段的步骤（如删除太多，会产生 P/S 报警）

（1）检索或扫描要删除部分的第一个程序段的字。

（2）键入地址 $\boxed{N}$ 键。

（3）键入要删除部分最后一个程序段的顺序号。

（4）按 $\boxed{DELET}$ 键。

例如：如图 2-14 所示，删除从 N01234 到 N56789 号程序段的步骤。

图 2-14 删除程序段画面

（1）检索或扫描 N01234。

（2）键入 N56789。

（3）按 DELET 键。

十、复制、移动、合并程序的步骤

用复制程序号为 XXXX 的程序建立了一个程序号为 YYYY 的新程序。由复制操作建立的程序，除程序号外，其他均与原程序一样。

1. 复制整个程序的步骤（见图 2-15）

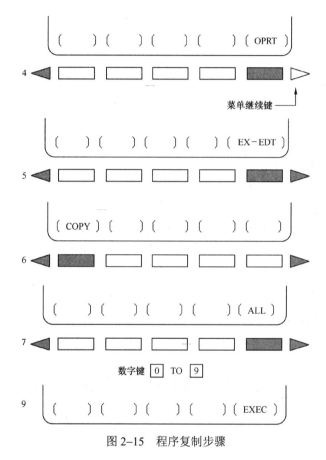

图 2-15　程序复制步骤

（1）进入 EDIT（程序编辑）方式。

（2）按功能键 PROG。

（3）按软键[操作]。

（4）按菜单继续键[→]。

（5）按软键[EX-EDT]。

（6）确认被复制程序的画面被选中并按软键[COPY]。

（7）按软键[ALL]。

（8）输入新程序号（用数字键）并按 INPUT 键。

（9）按确认软键[EXEC]。

2. 复制部分程序的步骤

（1）执行复制整个程序步骤中第（1）～（6）步。

（2）将光标移到要复制范围的开头并按软键[CRSR～]。

（3）将光标移到要复制范围的终点并按软键[～CRSR]或[～BTTM]（在后一种情况，复制范围是到程序的终点而与光标位置无关）。

（4）输入新程序号（用数字键）并按 INPUT 键。

（5）按确认软键[EXEC]。

3. 移动部分程序的步骤

（1）执行复制整个程序步骤中的第（1）～（5）步。

（2）确认要移动程序的画面已被选择，并按软键[MOVE]。

（3）移动光标到要移动范围的开始处并按软键[CRSR～]。

（4）移动光标到要移动范围的结束处并按[～CRSR]或[～BTTM]（在后一种情况，被移动范围是到程序的终点。而与光标位置无关）。

（5）输入新程序号（用数字键）并按 INPUT 键。

（6）按确认软键[EXEC]。

4. 合并程序的步骤

（1）执行复制整个程序步骤中第（1）～（5）步。

（2）确认要编辑程序的画面已被选择，并按软键[MERGE]。

（3）移动光标到另一程序要插入的位置，并按软键[CRSR]或[BTTM]（后一种情况，显示当前程序的终点）。

（4）输入新程序号（用数字键）并按 INPUT 键。

（5）按确认软键[EXEC]。

在第（4）步中指定程序号的程序被插入到第（3）步中指定光标位的前面。

任务三　学会应用数控车床加工零件

一、加工前的准备

电源的接通：

（1）检查 CNC 车床的外表是否正常（如后面电控柜的门是否关上、车床内部是否有其他异物）。

（2）打开位于车床后面电控柜上的主电源开关，应听到电控柜风扇和主轴电动机风扇开始工作的声音。

（3）按操作面板上的"POWER ON"按钮接通电源，几秒钟后 CRT 显示屏上出现如图2-16 所示的画面，才能操作数控系统上的按钮，否则容易损坏机床。

（4）顺时针方向松开急停"EMERGENCY"按钮。

（5）绿灯亮后，机床液压泵已启动，机床进入准备状态。

```
操作MESSAGE              O0001  N0000

番号      2000

X    AXIS    NO-REF

09,48,18              S    0T
                           JOG
[ALARM]   [操作PN]  [MESSAGE]   [  ]   [  ]
```

图 2-16　开机几秒钟后 CRT 显示屏

（6）如果在进行以上操作后，机床没有进入准备状态，检查是否有下列情况，进行处理后再按"POWER ON"按钮。

1）是否按过操作面板上的"POWER ON"按钮？如果没有，则按一次。

2）是否有某一个坐标轴超过行程极限？如果是，则对机床超过行程极限的坐标轴进行恢复操作。

3）是否有警告信息出现在 CRT 显示屏上？如果有，则按警告信息做操作处理。

二、工件与刀具的装夹

（1）工件的装夹。

1）CYNCP-320 型数控车床使用三爪自动定心卡盘，对于圆棒料，装夹时工件要水平安放，右手拿工件，左手旋紧夹盘扳手。

2）工件的伸出长度一般比被加工件长 10mm 左右。

3）对于一次装夹不能满足形位公差的零件，要采用鸡心夹头夹持工件并用两顶尖顶紧的装夹方法。

4）用校正划针校正工件，经校正后再将工件夹紧，工件找正工作随即完成。

（2）刀具安装。将加工零件的刀具依次装夹到相应的刀位上，操作如下。

1）根据加工工艺路线分析，选定被加工零件所用的刀具号，按加工工艺的顺序安装。

2）选定 1 号刀位，装上第一把刀，注意刀尖的高度要与对刀点重合。

3）手动操作控制面板上的"刀架旋转"按钮，然后依次将加工零件的刀具装夹到相应的刀位上。

三、返回参考点操作

在程序运行前，必须先对机床进行参考点返回操作，即将刀架返回机床参考点。有手动参考点返回和自动参考点返回两种方法，通常情况下，在开机时采用手动参考点返回方法，其操作方法如下。

（1）回零操作。

1）将机床工作方式选择开关设置在 ZRN 手动方式位置上，如图 2-17 所示。

2）操作机床面板上的"+X"方向按钮，如图 2-18 所示，进行 X 轴回零操作。

3）操作机床面板上的"+Z"方向按钮，如图 2-18 所示，进行 Z 轴回零操作。

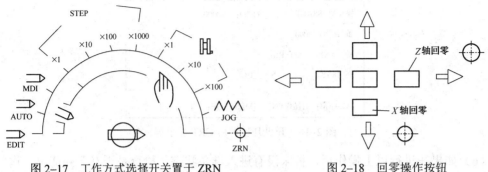

图 2-17　工作方式选择开关置于 ZRN　　　　图 2-18　回零操作按钮

4）当坐标轴返回参考点时，刀架返回参考点，确认灯亮后，操作完成。

（2）操作时的注意事项。

1）参考点返回时，应先移动 X 轴。

2）应防止参考点返回过程中刀架与工件、尾座发生碰撞。

3）由于坐标轴加速移动方式下速度较快，没有必要时尽量少用，以免发生预想不到的危险。

四、手动操作

（1）手动操作。使用机床操作面板上的开关、按钮或手轮，用手动操作移动刀具，可使刀具沿各坐标轴移动。

1）手动连续进给。用手动可以连续地移动机床，操作步骤如下：

a）将方式选择开关置于 JOG 的位置上。

b）操作控制面板上的 X 方向慢速或 Z 方向慢速移动按钮，如图 2-19 所示，机床将按选择的轴方向连续慢速移动。

2）快速进给。同时按下 X 方向和 Z 方向两个快速移动按钮，如图 2-20 所示，刀具将按选择的方向快速进给。

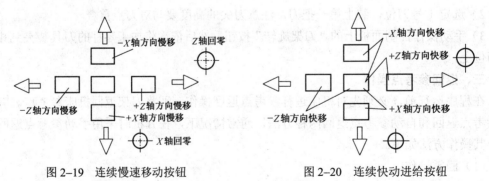

图 2-19　连续慢速移动按钮　　　　图 2-20　连续快动进给按钮

3）步进进给（STEP）。用步进进给可实现步进移动，操作如下。

a）将方式选择开关置于 STEP 的位置。

b）选择移动量。步进进给量见表 2-1。

表 2-1 步 进 进 给 量

倍 率	×1	×10	×100	×1000
进给量（mm）	0.001	0.01	0.1	1

注 直径指定时，X 轴的移动量为直径变化。

c）每按一次按钮（见图 2-19），按选定方向移动轴，刀具移动一个进给量。

4）手轮进给。转动手摇脉冲发生器，可使机床微量进给，步骤如下：

a）控制面板方式选择开关置于手轮（HANDLE）的位置上。

b）选择手轮移动轴，如图 2-21 所示，按下所选轴向开关，使轴选择按钮在 X 轴，转动手轮，如图 2-22 所示，右转——向 X 正方向移动；左转——向 X 负方向移动。

用类似的方法，可使机床向 Z 正方向移动和 Z 负方向移动。

图 2-21 手轮选择按钮在 X 轴

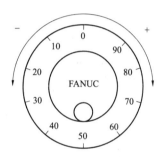

图 2-22 手摇脉冲发生器

五、程序的输入

程序的输入有两种方式：用键盘输入和用 RS232C 通信接口输入。

用 RS232C 通信接口输入程序的操作步骤如下。

（1）连接好 PC，把 CNC 程序装入计算机。

（2）设定好 RS232C 有关的设定。

（3）把程序保护开关置于 ON 上，操作方式设定为 EDIT 方式（即编辑方式）。

（4）按屏幕下方的"程式"按键后，显示程序。

（5）当 CNC 磁盘上无程序号或者想变更程序号时，键入 CNC 所希望的程序号：O×××× （当磁盘上有程序号且不改变程序号时，不需此项操作）。

（6）运行通信软件，并使之处于输出状态（详见通信软件说明）。

（7）按"INPUT"键，此时程序即传入存储器，传输过程中，画面状态显示"输入"。

下面介绍用键盘输入程序的有关问题。

（1）程序存储、编辑操作前的准备。

1）把程序保护开关置于 ON 上，接通数据保护键（KEY），如图 2-23 所示。

图 2-23 数据保护键打开图

2）将操作方式置为 EDIT 方式（即编辑方式），如图 2-24 所示。

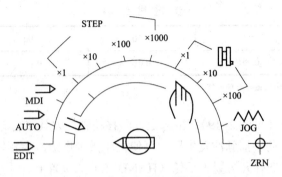

图 2-24　工作方式选择开关置于 EDIT

3）按显示机能键"PRGRM"或"程序"软键后，显示程序后方可编辑程序，显示如图 2-25 所示的画面。

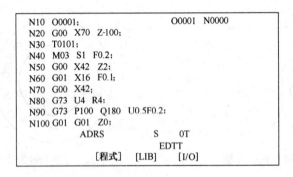

图 2-25　按"PRGRM"键显示画面

（2）把程序存入存储器中。用机床面板键盘键入：

1）工作方式选择为编辑方式（EDIT）。

2）再按"PRGRM"键。

3）按字母 O，CRT 显示如图 2-26（a）所示，有两种情况：

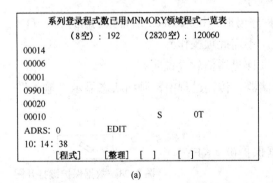

(a)

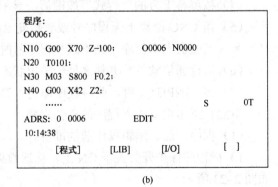

(b)

图 2-26　CRT 显示

（a）键入 O 后的显示；（b）键入 O0006 后的显示

● 如果存储器中有该程序的话，如输入"O0006"，再按"CURSOR"的向下键，显示如图 2-26（b）所示。

● 如果存储器中没有该程序的话，输入"O0009"，再按"CURSOR"的向下键，会出现报警画面，报警灯亮，如图 2-27（a）所示。消除报警的方法是，按"RESET"键复位，再按"PRGRM"键，重新输入。

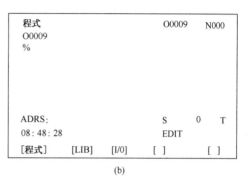

图 2-27　CRT 显示

（a）报警画面；（b）按"INSRT"键画面

4）如果存储器中没有该程序的话，输入"O0009"，应按"INSRT"键，出现如图 2-27（b）所示的画面。

5）通过这个操作，存入程序号，输入程序中的每个字，然后按"INSRT"键便将键入程序存储起来。

六、对刀与刀具补偿

（1）对刀。在数控车床车削加工过程中，首先应确定零件的加工原点，以建立准确的加工坐标系；其次要考虑刀具的不同尺寸对加工的影响，这些都需要通过对刀来解决。下面介绍生产中常用的试切对刀方法。

用 G50 Xα Zβ 设定工件坐标系，则在执行此程序段之前必须先进行对刀，通过调整机床，将刀尖放在程序所要求的起刀点位置（α，β）上，其方法如下。

1）回参考点操作。用 ZRN（回参考点）方式进行参考点的操作，建立机床坐标系，此时 CRT 上将显示刀架中心（对刀参考点）在机床坐标系中当前位置的坐标值。

2）试切测量。如图 2-28（a）所示，用 MDI 方式操作机床将工件外圆表面试切一刀，然后保持刀具在横向（X 轴方向）上的位置尺寸不变，沿纵向（Z 轴方向）退刀；测量工件试切后的直径 D 即可知道刀尖在 X 轴方向上当前位置的坐标值，并记录 CRT 上显示的刀架中心（对刀参考点）在机床坐标系中 X 轴方向上当前位置的坐标值 X_t。

用同样的方法再将工件右端面试车一刀，如图 2-28（b）所示，保持刀具纵向（Z 轴方向）位置不变，沿横向（X 轴方向）退刀，同样可以测量试切端面至工件原点的距离（长度）尺寸 L，并记录 CRT 上显示的刀架中心（对刀参考点）在机床坐标系中 Z 轴方向上当前位置的坐标值 Z_t。

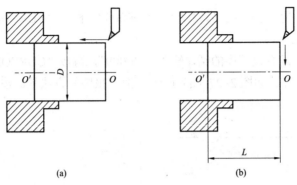

图 2-28   试切对刀

(a) 切外圆；(b) 切右端面

3）计算坐标增量。根据试切后测量的工件直径 D、端面距离长度 L 与程序所要求的起刀点位置（α、β），算出将刀尖移到起刀点位置所需的 X 轴坐标增量 α–D 与 Z 轴坐标增量 β–L。

4）对刀。根据算出的坐标增量，用手摇脉冲发生器移动刀具，使前面记录的位置坐标值（X_t, Z_t）增加相应的坐标增量，即将刀具移至使 CRT 上所显示的刀架中心（对刀参考点）在机床坐标系中位置坐标值为（$X_t+α–D$, $Z_t+β–L$）为止。这样就实现了将刀尖放在程序所要求的起刀点位置（α、β）上。

5）建立工件坐标系。若执行程序段为 G50 Xα Zβ，则 CRT 将会立即变为显示当前刀尖在工件坐标系中的位置（α、β），即数控系统用新建立的工件坐标系取代了前面建立的机床坐标系。

如图 2-29 所示，设以卡爪前端面为工件原点（G50 X200 Z253），若完成回参考点操作后，经试切削，测得工件直径为 φ67mm，试切端面至卡爪前端面的距离尺寸为 131mm，而 CRT 上显示的位置坐标值为 X265.763，Z297.421。为了将刀尖调整到起刀点位置（X200，Z253）上，只要将显示的位置 X 坐标增加 200–67=133，Z 坐标增加 253–131=122，即将刀具移到使 CRT 上显示的位置为 X398.763，Z419.421 即可。执行加工程序段 G50 X200 Z253，即可建立工件坐标系，并显示刀尖在工件坐标系中当前位置 X200，Z253。

（2）刀具补偿。

1）直接输入刀具偏置值。把编程时假设的基准位置（基准刀具刀尖和转塔中心等）与实际使用的刀尖差，作为偏置量来设定，用以下方法比较简便。工件坐标系已经设定如图 2-28 所示。

a）选择实际使用的刀具用手动方式切削 A 面，如图 2-30 所示。

b）不移动 Z 轴，仅 X 方向退刀，主轴停止。

c）测量从工件坐标系的原点到 A 面的距离 b，把该值作为 Z 轴的测量值，用下述方法设定到指定号的刀偏存储器中。

● 按 "MENU/OFSET" 键和 "PAGE" 键，显示刀具形状补偿前画面，如图 2-31 所示。

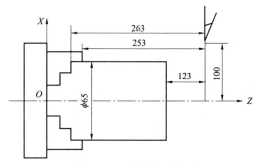

图 2-29 工件坐标系设定

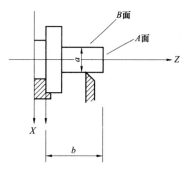

图 2-30 对刀时的工件坐标

工具补偿/形状				
番号	X	Z	R	T
G 01	0.000	0.000	0.000	0
G 02	0.000	0.000	0.000	0
G 03	0.000	0.000	0.000	0
G 04	0.000	0.000	0.000	0

现在位置（相对坐标）
　　　U　　−124.722　　　W　−182.476
ADRS　　　　S　　0T
[磨耗]　　[形状]　　[工件移]　[MACRO]　　　[进尺]

图 2-31 输入刀具形状补偿前画面

- 移动光标键，指定刀具偏置号。
- 按地址键 M 和地址键 Z。
- 键入测量获得的工件坐标原点到 A 面的距离 b 的数值。
- 按"INPUT"按钮，显示输入形状补偿画面，如图 2-32 所示。

工具补偿/形状				
番号	X	Z	R	T
G 01	0.500	−456.00	0.000	0
G 02	−373.161	−369.810	0.000	0
G 03	−357.710	−405.387	0.000	0
G 04	−263.245	−469.410	0.000	0

现在位置（相对坐标）
　　　U　　−124.722　　　W　−182.476
ADRS　　　　S　　0T
[磨耗]　　[形状]　　[工件移]　[MACRO]　　　[进尺]

图 2-32 输入刀具形状补偿画面

注：
- 刀具位置偏置量的直接输入，仅在参数 DOFST（参数 No.0010）为"1"时有效。
- X 轴为直径测量值。
- 若把测量作为几何形状补偿输入，所有的偏置量都变为几何形状补偿量，与之相应磨损补偿量为"零"。
- 若把测量值作为磨损补偿输入，几何形状偏置量不动，补偿量之和与几何形状补偿量的差为磨损补偿量。

d）用手动方式切削 *B* 面，如图 2–30 所示。

e）不移动 *X* 轴，仅 *Z* 轴方向退刀，主轴停止。

f）测量 *B* 面的直径 *a*，将此值设定为所要求的偏置号的 *X* 测量值，对每把刀具重复上述步骤，则自动地计算出偏置量并设定在相应的刀偏号中。

例如，如图 2–30 中 *B* 面图纸上的坐标值为 70.0 时，如果 *a*=69.0，在刀偏号 No.2 中设定 MX69.0，则偏置号 2 中输入 1.0 作为 *X* 轴的刀偏值。

2）偏置量的计数器输入。将刀具分别移动到机床上的一个参考点，可直接设定刀偏置值。

a）将基准刀具用手动移动到参考位置。

b）把相对坐标值 U、W 复位为零。

c）将基准刀具移走，将要设定刀偏量的刀具移到参考位置。

d）用光标选择偏置欲置入的偏置号。

e）按地址键 X（或 Z），按"INPUT"键。

通过上述操作，即将这把刀具的偏置输入至该偏置号的存储器中。

七、图形模拟功能

（1）在 9in CRT 画面上，可描绘加工中编程的刀具轨迹，由 CRT 显示的轨迹可检查加工的进展状况。另外也可对画面进行放大或缩小。

（2）图形参数设定。在按了功能按钮 AUX/GRAPH 之后显示如图 2–33 所示的图形参数画面，在用光标键将光标移到所要求的数据处并输入数值之后，当按 INPUT 键时，数据被设定。

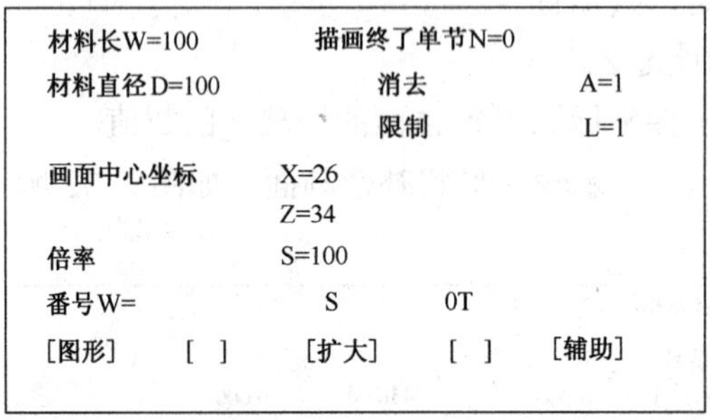

```
材料长W=100          描画终了单节N=0

材料直径D=100         消去        A=1
                     限制        L=1

画面中心坐标    X=26
               Z=34

倍率           S=100

番号W=            S        0T
[图形]    [  ]    [扩大]    [  ]    [辅助]
```

图 2–33　图形参数画面

八、空运行

（1）机床锁。使机床操作面板上的机床锁开关接通，自动运行加工程序时，机床刀架并不移动，只是在 CRT 上显示各轴的移动位置。该功能可用于加工程序的检查。

提示

在"机床锁"状态下，用 G27、G28 来指令，机床也不返回参考点，且指令灯不亮。

（2）辅助功能锁。

● 接通机床操作面板的辅助功能锁开关后，程序中的 M、S、T 代码指令被锁，不能执行。该功能与机床锁一起用于程序检测。

● M00、M01、M30、M98、M99 可正常执行。

（3）空运行。空运行开关如图 2-34 所示。

● 若按一下空运行开关，如图 2-34 所示的空运行灯变亮，不装工件，在自动运行状态运行加工程序，机床空跑。

● 操作中，程序指定的进给速度无效，根据参数（No.0001，RDRN）的设定运行。

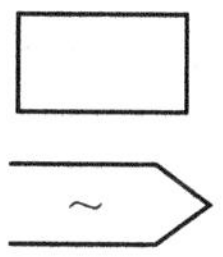

DRN

（"DRN" 指示灯变亮）

图 2-34　空运行开关

九、自动运行

（1）存储器运行。存储器运行步骤如下：

1）预先将程序存入存储器中。

2）选择要运行的程序。

3）将方式选择开关置于 AUTO 位置，如图 2-35 所示。

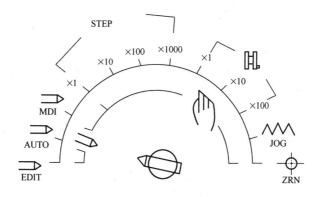

图 2-35　工作方式选择开关置于 AUTO

4）按"循环启动"按钮，即开始自动运转，循环启动灯亮。

（2）MDI 运转。从 CRT/MDI 操作面板输入一个程序段的指令并执行该程序段。例如执行下列程序：

```
N10 G00 X28.80 W180.88;
```

1）将方式选择开关置于 MDI 的位置，如图 2-36 所示。

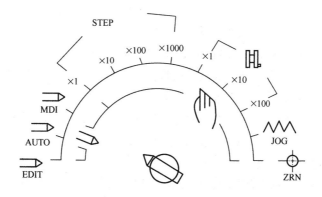

图 2-36　工作方式选择开关置于 MDI

2）按 PRGRM 按钮。

3）按 PAGE 按钮，使画面的左上角显示 MDI，CRT 显示如图 2-37 所示。

```
PROGRAM              O0001   N0000
    (MDI)            [持壳]
    X    28.80       G01    F
    W    180.88      G97    M
                     G69    S
                     G99    T
                     G21
                     G40    WX    0.0000
                     G25    W2    0.0000
                     G22
                     G54

    ADRS:            MDI    S    0T
    [程式] [现单节] [次单节] [MDI] [再启动]
```

图 2-37　MDI 方式下 CRT 显示

4）由面板键入 G00，再按"INPUT"键，则 G00 被输入。

5）由数据输入键，键入 X28.80。

6）按"INPUT"键。在按"INPUT"键之前，如果发现键入的数字是错误的，按"CAN"键，可以重新键入 X 及正确的数字。

7）键入 W188.88。

8）按"INPUT"键，W188.88 的数据被输入并显示。如果输入的数字是错误的按 6）的操作同样处理。

9）按"START"键，或机床操作面板的启动按钮。

（3）自动运行的停止。使自动运行停止的方法有：预先在程序中需要停止的地方输入停止指令；还可以按操作面板上的按钮，使其停止。

1）程序停止（M00）。程序中执行 M00 指令后，自动运行停止。此时各模态信息、寄存状态与单段运行相同。按下循环启动按钮"ST"，程序从下一个程序段重新自动运行。

2）任选停止（M01）。与 M00 相同，执行含有 M01 指令的程序段落之后，自动运行停止。但 M01 指令的执行要求机床操作面板上必须有"任选停机开关"，且该开关置于接通。

（4）程序结束（M02，M30）。M02、M30 指令的意义如下。

● 表示主程序结束。

● 自动运行停止，CNC 呈复位状态。

● M30 使自动运行停止，并使程序返回到程序的开头。

（5）进给暂停。程序运行时，按机床操作面板上的"进给暂停"按钮，可使自动运行暂时停止，此时进给暂停灯亮，循环启动灯灭。

（6）复位。按下操作面板上的"RESET"（复位）按钮，或输入外部复位信号，自动运行时的坐标轴减速，然后停止，CNC 系统置于复位状态。

十、单程序段执行

若按一下单程序段开关，如图 2-38 所示的单程序段灯变亮，执行一个程序段后，机床停止。其后，每按一次循环启动按钮"ST"，则 CNC 执行一个程序段的程序。

单程序段执行简称为"单段"功能。

注：用返回参考点指令 G28 时，即使在中间点，单程序段也停止。

SBK

（"SBK"指示灯变亮）

图2-38　单程序段开关有效

 提示

在程序试运行时，常使用"单段"功能，以防止程序出错时打刀甚至撞坏机床。

十一、跳过任选程序段

此功能使程序中含有"/"的程序段无效，程序跳转灯亮有效，程序跳转灯灭无效。

十二、加工中异常情况的处理

1. 报警处理

当数控车床不能运转时，请按以下步骤进行检查。

（1）在 CRT 上显示错误代码时：若显示错误代码，请按维修查找原因，若错误代码有"PS"二字，则一定是程序或设定数据的错误，请修改程序或修改设定的数据。

（2）在 CRT 上没有显示错误代码时：此时可能是由于机床执行了一些故障操作，请参照"维修手册"。

2. 超程

刀具超越了机床限位开关限定的行程范围或者进入由参数指定的禁止区域，CRT 显示"超程"报警，且刀具减速停止，此时用手动将刀具移向安全的方向，然后按系统操作面板上的"RESET（复位）"按钮解除报警。

3. 紧急停止

（1）当数控车床出现异常情况时，立即按下机床操作面板上的"ENERGENCY（紧急停止）"按钮，机床立即停止移动。

（2）"紧急停止"按钮按下后，机床被锁住，解除方法是通过旋转解除。

（3）紧急停止，就切断了电机的电源。

（4）解除紧急停止前，一定要排除不正常因素。

冲 模 编 程 与 加 工

项目导入：

要求加工如图 3-1 所示冲模，材料为 45 钢，数量为 50 件。

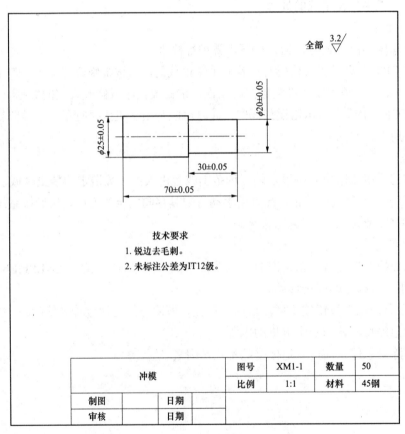

图 3-1　冲模

任务一　学习相关编程指令

本项目将要用到的编程指令有：G00、G01、G90、M03、M05、M30。

一、编程基础

（1）程序段的构成。

N__ G__X(U)__Z(W)__F__S__T__ M __;

其中，N__：程序段顺序号；

G__：准备功能；

X(U)__：X轴移动指令；

Z(W)__：Z轴移动；

F__：进给功能（mm/min 或 mm/r）；

M__：辅助功能；

S__：主轴功能；

T__：工具功能。

（2）程序的结构。

O1000;   程序号

N10 G00 X30.0 Z5.0;

N20

N30

N40 M02（或 M30）;   程序结束

二、准备功能指令

准备功能也称为 G 功能（或称 G 代码），它是用来指令机床动作方式的功能。准备功能是用地址 G 及其后面的数字来指令机床动作的。

1. 绝对编程与增量编程

X 轴和 Z 轴移动量的指令方法有绝对指令和增量指令两种。

绝对指令是用各轴移动到终点的坐标值进行编程的方法，称为绝对编程法。

增量指令是用各轴的移动量直接编程的方法，称为增量编程法，也称相对值编程。

绝对编程时，用 X、Z 表示 X 轴与 Z 轴的坐标值；

增量编程时，用 U、W 表示在 X 轴和 Z 轴上的移动量。

这些方法也可被结合在一条指令里，称为混合编程。

2. G00：指令运动坐标快速定位

定位指令命令刀具以点位控制方式从刀具所在点快速移动到目标位置，无运动轨迹要求，不需特别规定进给速度。

输入格式：

G00 X(U)__Z(W)__;

（1）"X（U）Z（W）"目标点的坐标（下文同）；

（2）X（U）坐标按直径值输入；

（3）";"表示一个程序段的结束。

如图 3-2 所示，工件坐标系设置在工件左端面，从 A 点快速运动到 C 点的程序为：

  G00 X40.0 Z212.0;（绝对值指令编程）

或 G00 U-160.0 W-51.0;（相对值指令编程）

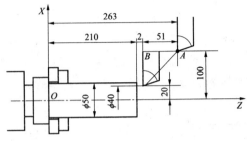

图 3-2 G00 指令的运用

在执行上述程序段时，刀具实际运动路线不是一条直线，而是一条折线。因此，在使用 G00 指令时，要注意刀具是否与工件和夹具发生干涉，对不适合联动的场合，两轴可分别运动。

3. 直线插补指令（G01）

直线插补指令用于直线或斜线运动。可使数控车床沿 X 轴、Z 轴方向执行单轴运动，也可以沿 X、Z 平面内任意斜率的直线运动。

输入格式：

G01 X(U)___ Z(W)___ F__;

例如，外圆柱切削（见图 3-3）

程序：G01 U0 W-80.0 F0.3 或 G01 X60.0 Z-80.0 F0.3。

又如，外圆锥切削（见图 3-4）。

程序：G01 X80.0 Z-80.0 F0.3

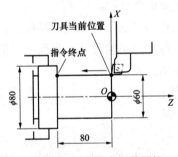

图 3-3 G01 指令切外圆柱

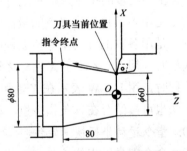

图 3-4 G01 指令切外圆锥

4. 模态代码与非模态代码

"模态代码"的功能在它被执行后会继续维持；

"非模态代码"仅仅在收到该命令时起作用。

G00 和 G01 都是"模态代码

连续执行 G01 时，后面程序段可省略写 G01。如：

```
    G01  X36.  Z-20.;
    (G01) X40.  Z-20.;
```

5. 主轴及辅助功能指令

（1）主轴功能指令（S 指令）。

S____   设定主轴转速（r/min），

（2）辅助功能指令（M 指令）。M 指令设定各种辅助动作及其状态，下面介绍几个常用 M 代码的使用方法。

M03：主轴顺时针旋转（CW）；

M04：主轴逆时针旋转（CCW）；

M05：主轴停止旋转；

M02（M30）：程序结束

6. 进给功能指令

每转进给量指令（G99）、每分钟进给量指令（G98）。指定进给功能的指令方法有如下两种。

（1）每转进给量（G99）。

输入格式：G99（F）；

F__：主轴每转进给量（进给速度 mm/r）。

（2）每分进给量（G98）。

7. T 功能

T 功能也称为刀具功能，表示选择刀具和刀补号。

输入格式：FANUC 系统：T□□

广州数控：T□□□□

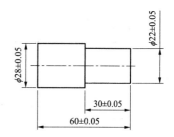

图 3-5　零件图

三、编程举例

毛坯为 $\phi30$ 的棒料，编写加工如图 3-5 所示零件的程序。

工件坐标系建立在工件右端面。程序如下：

O00001；

N10　G00　X36.0　Z5.0　M03　S600　T0100；

N20　G01　X36.0　Z-62.0　F150（F0.2）；

N30　G00　X40.0　Z5.0；

N40　G01　X28.5　Z-62.0　F150（F0.2）；

N50　G00　X30.0　Z5.0；

N60　G01　X24.0　Z5.0　F150（F0.2）；

N70　G01　X24.0　Z-29.5；

N80　G00　X25.0　Z5.0；

N90　G01　X22.5　；

N100　G01　X22.5　Z-29.5　F150（F0.2）；

N110　G00　X24.0　Z5.0；

N120　G01　X22.0　；

N130　G01　X22.0　Z-30.0　F80（F0.1）；

N140　　X28.0；

N150　　Z-62.0；

N160　G00　X100.0　Z100.0　M05;

N170　M02;

任务二　项目实施

一、项目分析

该冲模属于轴类零件，由圆柱面组成，工件长度为 70mm，最大外径为 25。直径方向精度要求为（-0.05，-0.05），长度方向精度要求为（-0.05，-0.05）。零件表面粗糙度要求为 3.2μm。该工件材料为 45 钢，加工性能较好，加工之前不需要进行热处理。

该零件为回转体、轴类零件，数量为 50 件，使用数控车床加工比较合适，根据零件的直径和长度，决定使用 CK6140 型数控车床加工。

二、材料核定

根据客户要求，材料选用 45 钢，该材料的加工性能较好。材料订购明细单见表 3-1。

表 3-1　　　　　　　　　　　　材 料 订 购 明 细 单

零件名称	冲模	零件数量	50 件
材料名称	45 钢	材料规格	$\phi 30$
材料数量	5m		

三、工艺编制

冲模零件数控加工工艺卡片和刀具卡片见表 3-2、表 3-3。

表 3-2　　　　　　　　　　　冲模零件数控加工工艺卡片

单位名称	×××	产品名称或代号		零件名称		零件图号
				冲模		
工序号	程序编号	夹具名称		使用设备		车间
001	×××	三爪卡盘		数控车床		数控中心
工步号	工步内容		刀具号	刀具规格（mm×mm）	主轴转速（r/min）	进给速度（mm/min）	背吃刀量（mm）	备注
1	车端面		T01	25×25	500			手动
2	粗车外轮廓		T01	25×25	500	150	2	自动
3	精车外轮廓		T01	25×25	900	50	0.25	自动
4	切断，长度至 60mm		T03	25×25	300	20		自动
编制		审核		批准		年　月　日	共　页	第　页

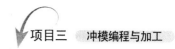

表3-3　　　　　　　　　　　冲模零件数控加工刀具卡片

产品名称或代号		零件名称	冲孔凸模	零件图号		程序编号	
工步号	刀具号	刀具规格名称		数量	加工表面	刀尖半径（mm）	备注
1	T01	外圆车刀		1	车端面		
2	T01	外圆车刀		1	自右至左粗车外表面		
3	T01	外圆车刀		1	自右至左精车外表面		
4	T02	切断刀		1	切断		
编制		审核		批准		共1页	第1页

四、程序设计

编制如图3-1所示冲模的加工程序，并填入表3-4。

表3-4　　　　　　　　　　　冲 模 加 工 程 序

程 序	说 明
O0001；	程序名（程序号）

五、生产准备

1. 材料准备

根据表 3-1 所示材料订购明细单准备材料，本项目零件加工采用 $\phi30mm$ 的 45 钢棒料。

2. 刀具准备

根据表 3-3 所示刀具卡片准备刀具，本项目用到外圆车刀和切断刀。

3. 量具准备

测量本项目零件需要用到游标卡尺。

六、产品生产

加工过程中，请严格执行生产规范，注意人身安全和设备安全。加工产品的工作流程：

（1）机床上电，执行回参考点操作。按项目一介绍的方法操作。

（2）程序的输入、检查和修改。

（3）装夹工件毛坯，装夹刀具。按前面的方法操作。

（4）对刀及刀具补偿值的输入。切断刀的刀位点为左刀尖，对刀时要使左刀尖分别和已经车削毛坯的端面和外圆对齐。

（5）启动加工。将机床工作方式置于 AUTO 方式，选择要运行的程序，按"循环启动"按钮，启动机床实际切削加工零件。为防止程序出错，损坏机床，在第一次加工时可使用单段功能。

（6）检测零件。

注意：学员初次加工零件，要指导老师确认对刀和程序后，才可启动机床加工零件。

项 目 四

阶 梯 轴 编 程 与 加 工

项目导入：

要求加工如图 4-1 所示阶梯轴，材料为 45 钢，数量为 50 件。

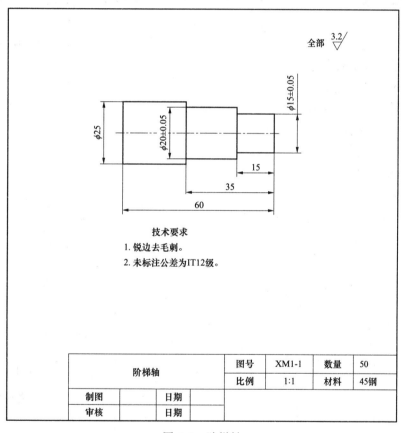

技术要求
1. 锐边去毛刺。
2. 未标注公差为IT12级。

阶梯轴		图号	XM1-1	数量	50
		比例	1:1	材料	45钢
制图		日期			
审核		日期			

图 4-1　阶梯轴

任 务 一　学 习 相 关 编 程 指 令

本项目将要用到的新编程指令为 G90。通过应用 G90 指令，可以使编程变得简单。

为了简化程序，减少程序所占内存，数控系统设有各种"固定循环"功能指令，只需用一个指令，一个程序段，便可以完成多次重复的切削动作。如 G90、G94、G92（螺纹等各种固定切削循环指令。

对阶梯轴，除了 G00 和 G01 外，更多用 G90 "外形切削循环" 指令，完成外圆（内孔）表面的车削。

一、G90 指令格式与功能

圆柱切削（外圆、内孔）循环（模态）：

G90 X Z F ;

X Z ：圆柱面切削终点坐标值；

F：进给速度；

如图 4-2，刀具从循环起点开始按矩形循环，其加工顺序按 1R—2F—3F—4R 进行，最后又回到循环起点。图中虚线表示按 R 快速移动，点划线表示按 F 指定的工件进给速度移动。

利用单一固定循环可以将一系列连续的动作，如"切入—切削—退刀—返回"，用一个循环指令完成，从而使程序简化。

二、G90 指令应用实例

加工如图 4-3 所示零件，按一般写法，程序为：

N10 G00 X50.;

N20 G01 Z-30 F100;

N30 X65.0;

N40 G00 Z2.;

但用固定循环语句只要下面一句就可以了：

G90 X50.0 Z-30.0 F100;

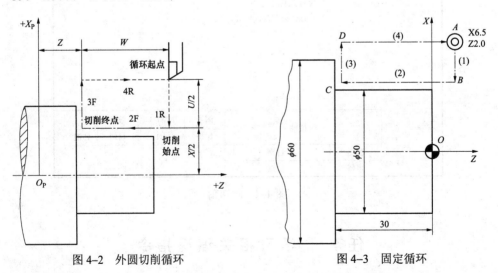

图 4-2　外圆切削循环　　　　图 4-3　固定循环

如图 4-4 所示，起始点在（X55.0 Z2.0），吃刀量 2.5mm，程序为：

S600 M04;

G00 X55.0 Z2.0 ;（循环起点）

```
G90  X45.0  Z-25.0;
X40.0;
X35.0;
G00  X100.0  100.0;
M02;
```

三、端面切削循环（G94）

1. 格式

G94 X Z F ；

X Z ：端面切削终点坐标值；

F：进给速度。

2. 功能

完成端面加工时的"切入（1R）—切削（2F）—退刀（3F）—返回（4R）"一系列动作。适用于零件直径较大、阶梯轴轴段较短的零件。采用端面车削方式每次 Z 向背吃刀量小于 2～3mm。

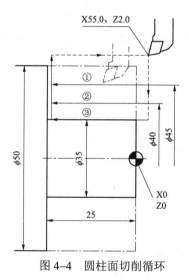

图 4-4　圆柱面切削循环

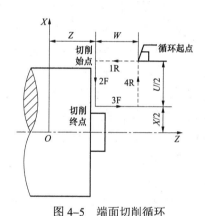

图 4-5　端面切削循环

任务二　学习相关工艺知识

下面学习数控车削加工的工艺设计的步骤。

一、分析零件图样

分析零件图样是进行工艺分析的前提，它将直接影响零件加工程序的编制与加工，分析零件图样主要考虑以下几方面。

（1）构成零件轮廓的几何条件。

（2）尺寸精度要求。

（3）形状和位置精度要求。零件图样上给定的形状和位置公差是保证零件精度的重要依据。

（4）表面粗糙度要求。

（5）材料与热处理要求。零件图样上给定的材料与热处理要求，是选择刀具、机床型号、确定切削用量的依据。

二、确定毛坯

在确定毛坯种类及制造方法时，应考虑下列因素：

（1）零件材料及其力学性能。

（2）零件的结构形状与外形尺寸。形状复杂的毛坯，一般用铸造方法制造。

（3）生产类型。

（4）现有生产条件。

（5）充分考虑利用新工艺、新技术的可能性。

三、确定装夹方法对刀点

（1）装夹方法。

1）用于轴类零件的夹具。数控车床加工轴类零件时，毛坯装在主轴顶尖和尾座顶尖之间。

2）用于盘类零件的夹具。这类夹具适用于无尾座的卡盘式数控车床上。用于盘类零件的夹具主要有可调卡爪卡盘和快速可调卡盘。

（2）确定对刀点和换刀点。

1）确定对刀点。对刀点是指采用刀具加工零件时，刀具相对零件运动的起点。

2）确定换刀点。换刀点是指在加工过程中，自动换刀装置的换刀位置。换刀点的位置应保证刀具转位时不碰撞被加工零件或夹具，一般可设置在对刀点。

四、确定加工方案

（1）制定工艺路线。在对具体零件制定工艺路线时，应该考虑以下原则。

1）先粗后精。

2）先近后远。

这里所说的远与近，是按加工部位相对于对刀点的距离大小而言的。通常在粗加工时，离对刀点近的部位先加工，离对刀点远的部位后加工，以便缩短刀具移动距离，减少空行程时间。对于车削加工，先近后远还有利于保护坯件或半成品的刚性，改善其切削条件。

3）先内后外。对既有内表面（内型、腔），又有外表面的零件，在制定其加工方案时，通常应安排先加工内型和内腔，后加工外形表面。

4）刀具集中。即用一把刀加工完相应各部位，再换另一把刀，加工相应的其他部位，以减少空行程和换刀时间。

（2）确定走刀路线。确定走刀路线的重点在于确定粗加工及空行程的走刀路线。走刀路线包括切削加工的路线及刀具引入、切出等非切削空行程。

五、选择刀具

六、确定工艺参数

任务三 项 目 实 施

一、项目分析

该阶梯轴属于轴类零件，由圆柱面组成，工件长度为 60mm，最大外径为 25。直径方向精度要求为（-0.05，-0.05），长度方向精度要求为（-0.05，-0.05）。零件表面粗糙度要求为 3.2μm。该工件材料为 45 钢，加工性能较好，加工之前不需要进行热处理。

该零件为回转体、轴类零件，数量为 50 件，使用数控车床加工比较合适，根据零件的直径和长度，决定使用 CK6140 型数控车床加工。

二、材料核定

根据客户要求，材料选用 45 钢，该材料的加工性能较好。材料订购明细单见表4-1。

表 4-1 　　　　　　　　　　　　　材 料 订 购 明 细 单

零件名称	阶梯轴	零件数量	50 件
材料名称	45 钢	材料规格	ϕ 28
材料数量	5m		

三、工艺编制

阶梯轴零件数控加工工艺卡片和刀具卡片见表4-2、表4-3。

表 4-2 　　　　　　　　　　　阶 梯 轴 数 控 加 工 工 艺 卡 片

单位名称	×××	产品名称或代号		零件名称		零件图号	
				阶梯轴			
工序号	程序编号	夹具名称		使用设备		车间	
001	×××	三爪卡盘		数控车床		数控中心	
工步号	工步内容		刀具号	刀具规格（mm）	主轴转速（r/min）	进给速度（mm/min）	背吃刀量（mm）	备注
1	车端面		T01	25×25	500			手动
2	粗车外轮廓		T01	25×25	500	150	2	自动
3	精车外轮廓		T01	25×25	900	50	0.25	自动
4	切断，长度至 60mm		T03	25×25	300	20		自动
编制		审核		批准		年 月 日	共 页	第 页

表 4-3 阶梯轴零件数控加工刀具卡片

产品名称或代号			零件名称	冲孔凸模	零件图号		程序编号	
工步号	刀具号	刀具规格名称		数量	加工表面		刀尖半径（mm）	备注
1	T01	外圆车刀		1	车端面			
2	T01	外圆车刀		1	自右至左粗车外表面			
3	T01	外圆车刀		1	自右至左精车外表面			
4	T02	切断刀		1	切断			
编制			审核		批准		共1页	第1页

四、程序设计

编制如图 4-1 所示阶梯轴的加工程序，并填入表 4-4。

表 4-4 阶 梯 轴 加 工 程 序

程 序	说 明
O0001;	程序名（程序号）

五、生产准备

1. 材料准备

根据表 4-1 所示材料订购明细单准备材料，本项目零件加工采用 ϕ30 的 45 钢棒料。

2. 刀具准备

根据表 4-3 所示刀具卡片准备刀具，本项目用到外圆车刀和切断刀。

3. 量具准备

测量本项目零件需要用到游标卡尺。

六、产品生产

加工过程中，请严格执行生产规范，注意人身安全和设备安全。加工产品的工作流程：

（1）机床上电，执行回参考点操作。按项目一介绍的方法操作。

（2）程序的输入、检查和修改。

（3）装夹工件毛坯，装夹刀具。按前面的方法操作。

（4）对刀及刀具补偿值的输入。切断刀的刀位点为左刀尖，对刀时要使左刀尖分别和已经车削毛坯的端面和外圆对齐。

（5）启动加工。将机床工作方式置于 AUTO 方式，选择要运行的程序，按"循环启动"按钮，启动机床实际切削加工零件。为防止程序出错，损坏机床，在第一次加工时可使用单段功能。

（6）检测零件。

注意：学员初次加工零件，要指导老师确认对刀和程序后，才可启动机床加工零件。

任务四　技 能 强 化 训 练

编程并加工如图 4-6 所示阶梯电极。

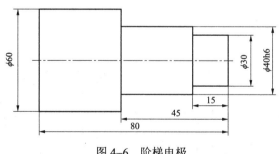

图 4-6　阶梯电极

任务五　技能拓展：锥轴编程与加工

一、项目导入

加工任务：毛坯为 ϕ30，加工如图 4-7 所示的圆锥轴。

二、知识讲解

1. 锥度的计算

锥度：两个垂直圆锥轴截面的圆锥直径差与该两截面间的轴向距离之比，如图 4-8 所示。

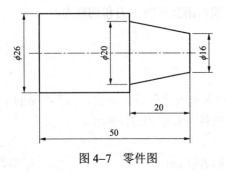

图 4-7　零件图

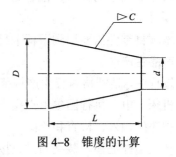

图 4-8　锥度的计算

$$C=D-d/L$$

上面圆锥的锥度计算如下

$$C=(20-16)/20=1/5 \quad 记为：1:5$$

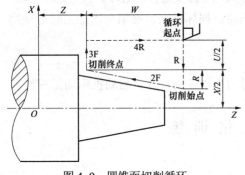

图 4-9　圆锥面切削循环

2. 圆锥面的加工指令

如图 4-9 所示，圆锥面切削循环指令为：

G90 X　Z　R　F

R 为切削始点与圆锥面切削终点的半径差。

3. 圆锥的切削方法

圆锥的切削方法有 2 种，如图 4-10 所示。

（1）X、Z 终点坐标尺寸位置不变，每个程序段只改变 R 的尺寸，如图 4-10（a）所示。

（2）R、Z 尺寸不变，每个程序段只改变 X 的尺寸，如图 4-10（b）所示。

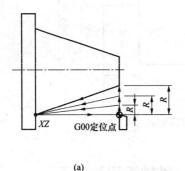

(a)

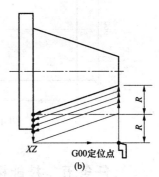

(b)

图 4-10　圆锥的切削的 2 种方法

(a) 改变 R 值；(b) 改变 X 值

注意：为防止刀具和工件相撞，加工前对刀具定位时，刀具要保持和锥的端面有 1～2mm 的距离。用 G90 粗加工，然后用 G01 精加工。

三、编程举例

毛坯为$\phi 35$，编程并加工如图4-11所示的工件。

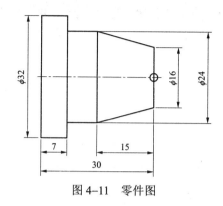

图4-11 零件图

O0001;	工件坐标系建立在工件右端面
N10 G00 X36. Z2. M03 S600;	快速定位到准备加工部位附近
N20 G90 X32.5 Z-34. F100;	圆柱面切削
N30 X29. Z-23.;	
N50 X26.;	
N60 X24.5;	
N70 G00 X28. Z2.;	定位车锥度
N80 G90 X24.5 Z-15. R-2. F100;	圆锥面切削
N90 R-3.;	
N100 R-4.;	
N110 G00 X15. Z1.	精加工定位
N120 G01 X16. Z0 F200;	
N130 X24. Z-15. F80;	
N140 Z-23.;	精加工
N150 X32.;	
N160 Z-31.;	
N170 G00 X100. Z100. M05;	
N180 M30;	

四、项目实施

运用圆锥面切削循环指令编写并加工如图4-7所示零件。

简单圆弧面轴类零件编程与加工

项目导入：

要求加工如图5-1所示轴，材料为45钢，数量为50件。

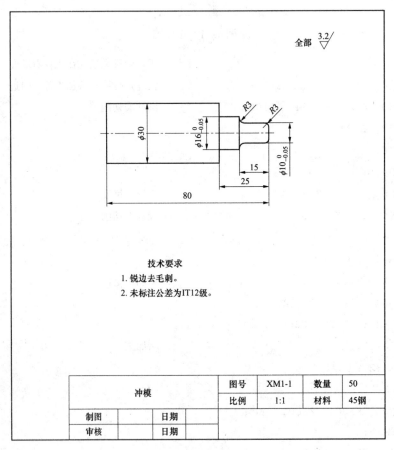

图 5-1　轴

任务一　学习相关编程指令

本项目将要用到的编程新指令有：G02、G03。

一、圆弧插补指令（G02、G03）

指令格式如下：

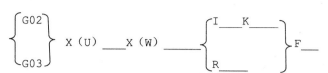

圆弧插补 G02、G03 指令刀具相对工件以 F 指令的进给速度从当前点（始点）向终点进行圆弧插补。G02 是顺时针圆弧插补指令，G03 是逆时针圆弧插补指令（见图 5-2）。绝对编程时，X、Z 为圆弧终点坐标值；增量编程时，U、W 为终点相对始点的距离。R 是圆弧半径，当圆弧所对的圆心角为 0°～180° 时，R 取正值；当圆心角为 180°～360° 时，R 取负值。I、K 为圆心在 X、Z 轴方向上相对始点的坐标增量，当 I、K 为零时可以省略；I、K 和 R 同时给予指令的程序段，以 R 为优先，I、K 无效。

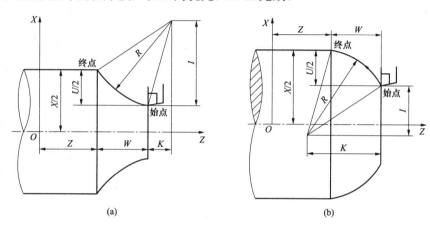

图 5-2　圆弧插补

（a）G02 指令的运用；（b）G03 指令的运用

二、编程举例

[例 5-1] 毛坯为 $\phi22$ 的塑料棒，零件如图 5-3 所示，工件坐标系建立在零件右端面。

```
N10   M03  S600    T0100;
N20   G00  X30.   Z2.0;
N30   G90  X20.5  Z-20.0  F150;
N40        X16.0  Z-12.0;
N50        X14.5  Z-12.0;
N60   G01  X14.0  Z2.0;
N70   G01         Z-12.0  F100;
N80   G02  X20.0  Z-15.0  R3.0;
N90   G01         Z-20.0;
N100  G00  X50.;
N110  G00  Z100.0  M05;
N120  M30;
```

图 5-3　编程举例一

[例 5-2] 毛坯为 $\phi22$，零件如图 5-4 所示，工件坐标系建立在零件右端面。

N10 M03 S600 T0100;

N20 G00 X30. Z2.0;

N30 G90 G98 X20.5 Z−45.0 F150;

N40 G90   X16.5 Z−10.;

N50 G01 X16.0 Z2.0;

N60 G01   X16.0 Z−10.0 F100;

N70 G03 X20. Z−22. R37.0;

N80 G01 Z−45.0;

N90 G00 X50.;

N100 G00 Z100. M05;

N110 M30;

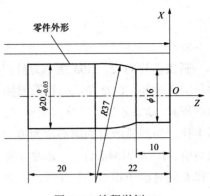

图 5-4 编程举例二

[**例 5-3**] 毛坯为 $\phi22$ 的塑料棒，零件如图 5-5 所示，工件坐标系建立在零件右端面。

O0001;

N10 M03 S600 T0100;

N20 G00 X30. Z2.0;   定位

N30 G90 X20.5 Z−20.0 F150;

N40   X16.5 Z−13.0;

N50 G01 X16.0 Z2.0;   定位

N60 G01 Z−13.0 F100;

N70 G02 X20.0 Z−15.0 I2.0(K 0);

N80 G01 Z−20.0;

N90 G00 X50.;   退刀

N100 G00 Z100.0 M05;   退刀

N110 M30;   程序结束

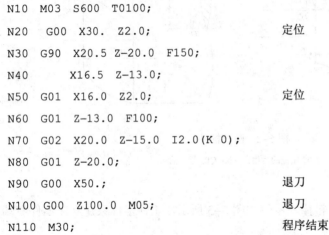

图 5-5 编程举例三

[**例 5-4**] 零件如图 5-6 所示，毛坯为 $\phi62$，编写加工程序。

N10 M03 S600   T0100;

N20 G00 X65.0 Z37.0;

N30   G90 X60.5   Z0 F150;

N40   X55.;

N50   X50.;

N60   X45.0

N70   X40.0;

N80   X36.5;

N30 G01 X36.0 Z37.0;

N40 G01 Z30.0   F100;   A→B

N50 G02 X36.0   Z10. R20.0;   B→C

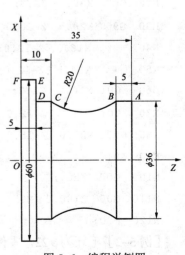

图 5-6 编程举例四

76

N60	G01	W−5.0 ;	增量编程 C→D
N70		X60.0 ;	D→E
N80		W−5.0;	增量编程 E→F
N90	G00	X62.0;	退刀
N100		X100.0 Z50.0 M05;	
N110	M30;		程序结束

任务二　项目实施

一、项目分析

该轴由圆柱面和圆弧面组成，工件长度为 80mm，最大外径为 30。直径方向精度要求为（0，−0.05）。零件表面粗糙度要求为 3.2μm。该工件材料为 45 钢，加工性能较好，加工之前不需要进行热处理。

该零件为回转体、轴类零件，数量为 50 件，使用数控车床加工比较合适，根据零件的直径和长度，决定使用 CK6140 型数控车床加工。

二、材料核定

根据客户要求，材料选用 45 钢，该材料的加工性能较好。材料订购明细单见表 5−1。

表 5−1　　　　　　　　　　　材 料 订 购 明 细 单

零件名称	冲模	零件数量	50 件
材料名称	45 钢	材料规格	φ32
材料数量	5m		

三、工艺编制

冲模零件数控加工工艺卡片和刀具卡片见表 5−2、表 5−3。

表 5−2　　　　　　　　　　冲模零件数控加工工艺卡片

单位名称	×××	产品名称或代号		零件名称		零件图号	
				冲模			
工序号	程序编号	夹具名称		使用设备		车间	
001	×××	三爪卡盘		数控车床		数控中心	
工步号	工步内容	刀具号	刀具规格（mm×mm）	主轴转速（r/min）	进给速度（mm/min）	背吃刀量（mm）	备注
1	车端面	T01	25×25	500			手动
2	粗车外轮廓	T01	25×25	500	150	2	自动
3	精车外轮廓	T01	25×25	900	50	0.25	自动
4	切断，长度至 80mm	T03	25×25	300	20		自动
编制		审核		批准		年　月　日	共　页　　第　页

表 5–3　　　　　　　　　　　　冲模零件数控加工刀具卡片

产品名称或代号		零件名称	冲孔凸模	零件图号		程序编号	
工步号	刀具号	刀具规格名称	数量	加工表面		刀尖半径（mm）	备注
1	T01	外圆车刀	1	车端面			
2	T01	外圆车刀	1	自右至左粗车外表面			
3	T01	外圆车刀	1	自右至左精车外表面			
4	T02	切断刀	1	切断			
编制		审核		批准		共 1 页	第 1 页

四、程序设计

编制如图 5–1 所示轴的加工程序，并填入表 5–4。

表 5–4　　　　　　　　　　　　轴 加 工 程 序

程序	说　明
O0001；	程序名（程序号）

五、生产准备

1. 材料准备

根据表 5-1 所示材料订购明细单准备材料，本项目零件加工采用 $\phi32$ 的 45 钢棒料。

2. 刀具准备

根据表 5-3 所示刀具卡片准备刀具，本项目用到外圆车刀和切断刀。

3. 量具准备

测量本项目零件需要用到游标卡尺。

六、产品生产

加工过程中，请严格执行生产规范，注意人身安全和设备安全。加工产品的工作流程：

（1）机床上电，执行回参考点操作。按项目一介绍的方法操作。

（2）程序的输入、检查和修改。

（3）装夹工件毛坯，装夹刀具。按前面的方法操作。

（4）对刀及刀具补偿值的输入。切断刀的刀位点为左刀尖，对刀时要使左刀尖分别和已经车削毛坯的端面和外圆对齐。

（5）启动加工。将机床工作方式置于 AUTO 方式，选择要运行的程序，按"循环启动"按钮，启动机床实际切削加工零件。为防止程序出错，损坏机床，在第一次加工时可使用单段功能。

（6）检测零件。

注意：学员初次加工零件，要指导老师确认对刀和程序后，才可启动机床加工零件。

任务三　技能强化训练

编程并加工如图 5-7 所示零件。

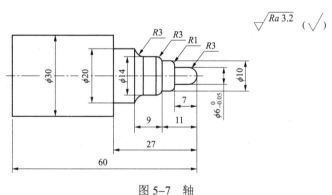

图 5-7　轴

项目六
销钉编程与加工

项目导入：

要求加工如图 6-1 所示销钉，材料为 45 钢，数量为 50 件。

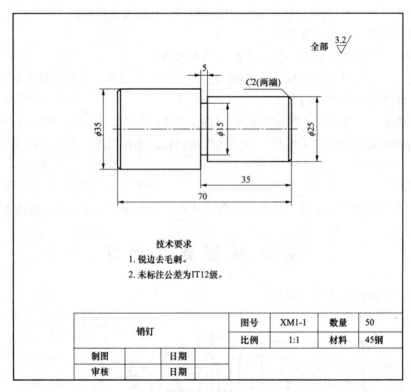

图 6-1　销钉

任务一　学习相关工艺与编程知识

本项目将要用到的编程指令方法有：倒角、切槽。

一、槽的种类

槽的种类很多，根据其形状和加工特点，可分为单槽、多槽、宽槽、深槽及异型槽等。

在一个较为复杂的零件中，有时往往不只是单一类型的槽，而是多种形式的槽或其叠加，既有多槽，又有宽槽，还有的单槽同时也是深槽或宽槽。

二、零件的装夹方式

车槽时主切削力的方向与工件轴线垂直，尤其是车窄槽时通常采用直接成形法，即切槽刀的宽度等于槽的宽度，等于背吃刀量 a_p。这样切削时会产生较大的径向切削力，容易引起扎刀和振动，影响到工件的装夹稳定性。在数控机床上加工槽时一般可采用下面的装夹方式。

（1）利用自定心卡盘的软卡爪，并适当增加夹持面的长度，当工件夹持面长度较短时，可在软卡爪上车出阶台，靠阶台端面定位，以保证定位准确、装夹牢固。

（2）如果零件长度较长强度较弱时，为防止振动和零件飞出伤人，可采用尾座顶尖做辅助支承，用一夹一顶的方式装夹，以保证零件装夹的稳定性。

三、切槽时的进刀方式

（1）对较窄、较浅且精度要求不高的槽，可采用与槽等宽的切槽刀一次切入成形的方法来加工，一般车到槽底后使用延时指令 G04 修整槽底圆度误差，然后以快进速度退出，如图 6-2 所示。

（2）对较窄、较深且精度要求较高的槽，可先用较窄的切槽刀粗车，再用刀头宽度与槽宽相等的切槽刀精车的方法完成。粗车时为了避免车槽过程中由于排屑不畅，使刀具前部压力过大出现扎刀和刀具折断的现象，应采用往复进刀的方式，刀具在切入工件一定深度后，停止进刀并回退一段距离，达到断屑和排屑的目的，如图 6-3 所示。

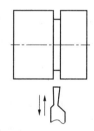
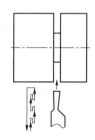

图 6-2　较窄、较浅槽的进刀方式　　图 6-3　较窄、较深槽的进刀方式

（3）较宽且精度要求较高的宽槽的切削。通常把大于一个车刀宽度的槽称为宽槽。宽槽的宽度、深度等精度要求及表面质量要求一般较高，在车宽槽时常采用排刀的方式进行粗切，然后用精切槽刀沿槽的一侧车至槽底，精加工槽底至槽的另一侧，再沿侧面退出，切削方式如图 6-4 所示。

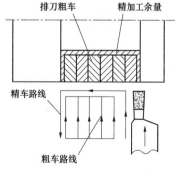

（4）异形槽的加工。对于异形槽的加工，一般采用先车直槽，然后使用循环（固定循环或复合循环）切削指令切削轮廓的方法进行。

注意：车槽过程中容易产生振动现象，往往是切削用量选择不当造成的，比如进给量过小、切削速度选择不当等，应及时进行调整。

图 6-4　宽槽零件的切削方式

车槽时尤其是车深槽时，因刀头面积小、散热差，易产生高温而降低刀片切削性能，可选择冷却性能较好的乳化液进行充分冷却。

四、倒角及切槽的作用

（1）倒角。阶梯轴端面的毛刺，影响零件装配及测量，轴端的倒角是为了装配需要。

（2）切槽。切槽则是工艺及装配双重需要，如轴承装配、螺纹退刀槽、砂轮越程槽等。

五、倒角的加工

1. 倒角的车削方法

选择 90° 外圆车刀，将端面、倒角和外圆顺次加工出来。如图 6-5 所示，车削零件右端的 2×45° 倒角，为了加工出平滑的 45° 倒角，必须将车刀起点设在零件端面之外，沿该倒角的延长线走刀。

所以程序应为：

G00 X20. Z5.;	快速定位
G01 X14. Z1. F0.2;	移动至 A 点
G01 X20. Z-2.;	A→B
或 G01 U6. W-3.;	A→B

...

2. 计算实例

车削如图 6-6 所示阶梯轴的倒角，编程并进行数控仿真加工。

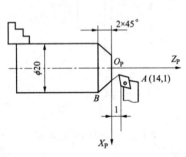

图 6-5　倒角车削

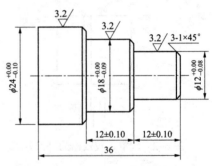

图 6-6　阶梯轴

参考程序（毛坯 ϕ30mm）：

G00 X80 Z80;	起刀（换刀）点
M03 S600 T0100;	
G00 X35 Z5;	循环起点
G90 X27 Z-38 F120;	
X24.5;	
X21 Z-24;	
X18.5;	
G90 X15 Z-12;	
X12.5;	粗车结束
G01 X8 Z1 F80;	倒角起点
X12 Z-.;	第一个倒角

```
Z-12;
X16;
X18  Z-13;                第二个倒角
Z-24;
X24  Z-25;                第三个倒角
Z-38;
G00  X80  Z80;
M30;
```

六、切槽及切断的方法

1. 切槽及切断刀具

（1）刀具特点。宽刃切削，易振动。

（2）装刀要求。几何角度要保证。切槽刀与偏刀的几何角度对比如图6-7所示。

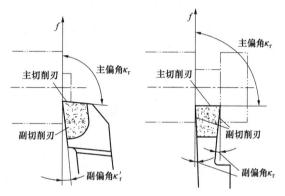

图6-7　切槽刀与偏刀对比

2. 切断窄槽

宽度为5mm以下的窄槽，可用主切削刃与槽等宽的车槽刀一次切出。

切断与车槽类似，但是，当工件直径较大时，切断刀刀头较长，切屑容易堵塞在槽内，刀头容易折断，因此往往将刀头高度加大，以增加强度。

切断时，为防止切下的工件端面留有小凸台，可将切断刀的主切削刃略磨斜些。斜刃切断刀如图6-8所示。

3. 暂停指令G04及其作用

格式：G04 X_____;

X的指令值是暂停时间，X（U）后面为带小数点的数，单位为s。

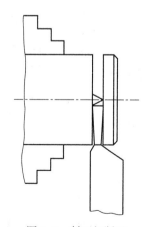

图6-8　斜刃切断刀

例如 G04 X 1.5 或 G04 U1.5

该指令可使刀具作短时间（ns）的停顿，以进行进给光整加工。它主要用于车削环槽、钻及镗不通孔和自动加工螺纹等场合。

4. 切槽实例

如图 6-9 所示，其程序为

......

G01 X34. Z-20.;

G01 X25. F0.15;

G04 X1.5;   切至槽底后，停 1.5s

G01 X34.;

......

5. 切断

同切槽相似，所不同的是切断时 X 坐标值为 0 或 -1。

6. 切槽及切断编程练习

（1）零件如图 6-10 所示，编程加工全部 $\phi 20 \times 2$ 槽。

选择切槽刀，刀宽 2mm，切削刃长 10mm 须大于 5mm（槽深）。

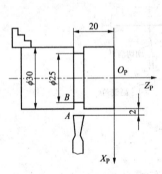

图 6-9 切槽实例

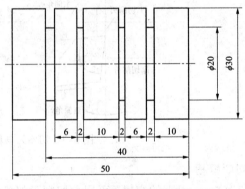

图 6-10 切槽练习零件图

切右边第一个槽的参考程序：

......

G00 X35. Z-12.;

G01 X20. F0.15;

G04 X1.5;

G01 X35.;

......

布置学生写出其余三个槽的车削程序。

（2）保留 50mm 长度，切断毛坯，试编程。

 提示

先沿 Z 轴定位，再沿 X 轴进给、切断。

任务二 项 目 实 施

一、项目分析

该销钉属于轴类零件，由圆柱面组成，工件长度为 70mm，最大外径为 25。直径方向精度要求为（-0.05，-0.05），长度方向精度要求为（-0.05，-0.05）。零件表面粗糙度要求为 3.2μm。该工件材料为 45 钢，加工性能较好，加工之前不需要进行热处理。

该零件为回转体、轴类零件，数量为 50 件，使用数控车床加工比较合适，根据零件的直径和长度，决定使用 CK6140 型数控车床加工。

二、材料核定

根据客户要求，材料选用 45 钢，该材料的加工性能较好。材料订购明细单见表 6-1。

表 6-1　　　　　　　　　　　　　　材 料 订 购 明 细 单

零件名称	销钉	零件数量	50 件
材料名称	45 钢	材料规格	$\phi 30$
材料数量	5m		

三、工艺编制

销钉零件数控加工工艺卡片和刀具卡片见表 6-2、表 6-3。

表 6-2　　　　　　　　　　　　销钉零件数控加工工艺卡片

单位名称	×××	产品名称或代号		零件名称		零件图号
				销钉		
工序号	程序编号	夹具名称		使用设备		车间
001	×××	三爪卡盘		数控车床		数控中心
工步号	工步内容	刀具号	刀具规格（mm）	主轴转速（r/min）	进给速度（mm/min）	背吃刀量（mm）	备注
1	车端面	T01	25×25	500			手动
2	粗车外轮廓	T01	25×25	500	150	2	自动
3	精车外轮廓	T01	25×25	900	50	0.25	自动
4	切断，长度至 60mm	T03	25×25	300	20		自动
编制		审核		批准		年 月 日	共 页 　第 页

表 6-3 销钉零件数控加工刀具卡片

产品名称或代号		零件名称	冲孔凸模	零件图号		程序编号	
工步号	刀具号	刀具规格名称	数量	加工表面		刀尖半径（mm）	备注
1	T01	外圆车刀	1	车端面			
2	T01	外圆车刀	1	自右至左粗车外表面			
3	T01	外圆车刀	1	自右至左精车外表面			
4	T02	切断刀	1	切断			
编制		审核		批准		共 1 页	第 1 页

四、程序设计

编制如图 6-1 所示销钉的加工程序，并填入表 6-4。

表 6-4 销 钉 加 工 程 序

程　　序	说　　明
O0001;	程序名（程序号）

五、生产准备

1. 材料准备

根据表 6-1 所示材料订购明细单准备材料,本项目零件加工采用 $\phi 30$ 的 45 钢棒料。

2. 刀具准备

根据表 6-3 所示刀具卡片准备刀具,本项目用到外圆车刀和切断刀。

3. 量具准备

测量本项目零件需要用到游标卡尺。

六、产品生产

加工过程中,请严格执行生产规范,注意人身安全和设备安全。加工产品的工作流程:

(1)机床上电,执行回参考点操作。按项目一介绍的方法操作。

(2)程序的输入、检查和修改。

(3)装夹工件毛坯,装夹刀具。按前面的方法操作。

(4)对刀及刀具补偿值的输入。切断刀的刀位点为左刀尖,对刀时要使左刀尖分别和已经车削毛坯的端面和外圆对齐。

(5)启动加工。将机床工作方式置于 AUTO 方式,选择要运行的程序,按"循环启动"按钮,启动机床实际切削加工零件。为防止程序出错损坏机床,在第一次加工时可使用单段功能。

(6)检测零件。注意:学员初次加工零件,要指导老师确认对刀和程序后,才可启动机床加工零件。

任务三 知识拓展:径向切槽多重循环指令 G75

一、功能

G75 指令用于内、外径切槽或钻孔,本书只介绍 G75 指令用于外径沟槽加工,X 向切进一定的深度,再反向退刀一定的距离,实现断屑。G75 指令动作及参数如图 6-11 所示。

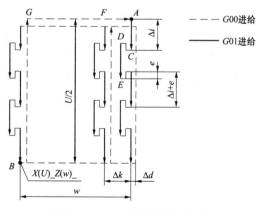

图 6-11 G75 指令动作及参数

二、指令格式

G75 R(e)

G75 X(u)   Z(w)   P(Δi)   Q(Δk)   R(Δd)   F

其中   e ——分层切削每次退刀量；

　　　　u ——X 向终点坐标值；

　　　　w ——Z 向终点坐标值；

　　　　Δi ——X 向每次的切入量；

　　　　Δk ——Z 向每次的移动量；

　　　　Δd ——切削到终点时的退刀量（可以缺省）。

三、编程示例

1. 用于切削较宽的径向槽（见图 6-12）

程序示例如下：

O7001

…

N50 T0202;   切槽刀，刃口宽 5mm

N60 G0 X52.0 Z-15.0 S300 M3;

N70 G75 R1.0;

N80 G75 X30.0 Z-50.0 P3000 Q4500 F0.1;

N90 G28 X100.0 Z100.0;

N100 M30;

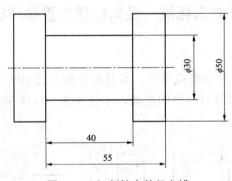

图 6-12 切削较宽的径向槽

2. 用于切削径向均布槽（见图 6-13）

O7002

…

N50 T0202;   切槽刀，刃口宽 4mm

N60 G0 X42.0 Z-10.0 S300 M3;

N70 G75 R1.0;

N80 G75 X30.0 Z-50.0 P3000 Q10000 F0.1;

N90 G28 U0 W0;

N100 M30;

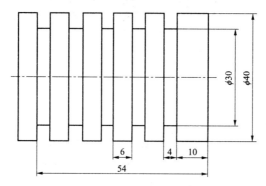

图6-13 切削径向均布槽

项 目 七

导柱编程与加工

项目导入：

要求加工如图 7-1 所示导柱，材料为 45 钢，数量为 50 件。

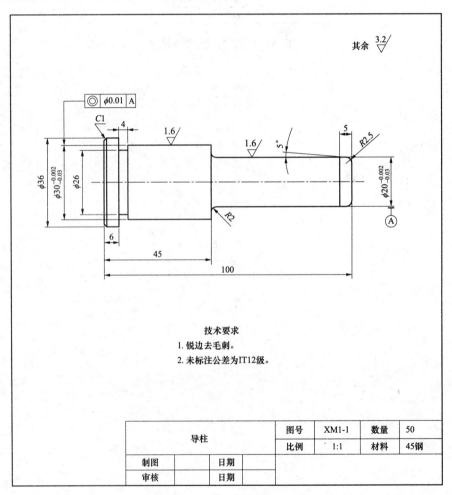

图 7-1　导柱

任务一　学习相关编程指令

本项目将要用到的新编程指令有 G71 和 G70。

一、复合固定循环

在使用 G90、G94 时，已使程序得到简化，但还有一类复合固定循环，能使程序进一步得到简化。利用复合固定循环，只要编出最终加工路线，给出每次切除的余量深度或循环次数，机床即可自动地重复切削直到工件加工完为止。

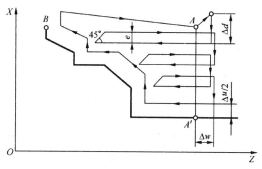

1. 外圆粗切削循环（G71）

当给出图 7-2 所示加工形状的路线 $A \rightarrow A' \rightarrow B$ 及背吃刀量，就会进行平行于 Z 轴的多次切削，最后再按留有精加工切削余量 Δw 和 $\Delta u/2$ 之后的精加工形状进行加工。

图 7-2　外圆粗切削循环

编程格式

G71　U（Δd）　R（e）;

G71　P（ns）Q（nf）U（Δu）W（Δw）F（f）S（s）T（t）;

或:

G71　P（ns）Q（nf）U（Δu）W（Δw）U（Δd）F（f）S（s）T（t）;

其中　　Δd ——背吃刀量;

　　　　e ——退刀量（对第 2 种编程方式，退刀量由系统参数设定）;

　　　　ns ——精加工形状程序段中的开始程序段号;

　　　　nf ——精加工形状程序段中的结束程序段号;

　　　　Δu —— X 轴方向精加工余量;

　　　　Δw —— Z 轴方向的精加工余量;

　　　f、s、t ——F、S、T 代码。

在此应注意以下几点:

（1）在使用 G71 进行粗加工循环时，只有含在 G71 程序段的 F、S、T 功能才有效。而包含在 ns→nf 程序段中的 F、S、T 功能，即使被指定对粗车循环也无效。

（2）$A \rightarrow B$ 之间必须符合 X 轴、Z 轴方向的共同单调增大或减少的模式。

（3）可以进行刀具补偿。

2. 精加工循环（G70）

由 G71 和 G73 完成粗加工后，可以用 G70 进行精加工。

编程格式：G70　P（ns）Q（nf）；其中 ns 和 nf 与前述含义相同。

在这里 G71 程序段中的 F、S、T 的指令都无效，只有在 ns~nf 程序段中的 F、S、T 才有效。

3. 应用 G71 和 G70 编程的实例

零件如图 7-3 所示，试编写粗、精车循环加工程序。

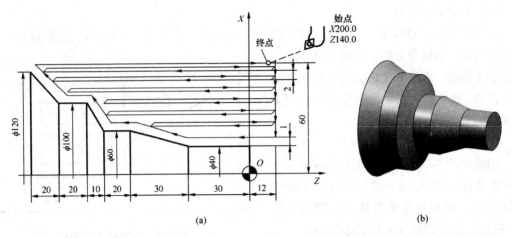

图 7-3　应用 G71 和 G70 编程的实例

（a）零件图；（b）实体图

程序如下：

```
O1000;
N10  M03  S500  T0101;
N20  G00  X120  Z10  M08;
N30  G71  U2  R0.1;
N40  G71  P50  Q110  U1.0  W0.5  F0.3;
N50  G00  X40;                    (ns)
N60  G01  Z-30    F0.15  S150;
N70  X60  Z-60;
N80  Z-80;
N90  X100  Z-90;
N100  Z-110;
N110  X120  Z-130;                (nf)
N120  G70  P50  Q110;
N130  G00  X125;
N140  X200  Z140  T0100  M09;
N150  M02;
```

二、编程范例

毛坯为 $\phi35$ 棒料，材料为 45 钢，零件如图 7-4 所示。试编制该零件的粗、精加工程序。

G71 用于外径尺寸单调递增或单调递减的零件加工，因此图 7-4 所示零件可以使用 G71 编程。

将工件坐标系原点设定在零件的右端面中心，瓶盖模具导柱外轮廓的粗、精加工程序如下：

```
O0020;
```

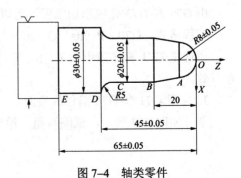

图 7-4　轴类零件

N10　M03　S600　T0100　M08；

　　主轴正转，打开切削液，选用 1 号刀

N20　G00　X40.0　Z2.0；

N30　G90　X32.0　Z-66.0　F100；

N40　　　　X30.5；

N50　G01　X40.0　Z0；

N60　G71　U1.5　R2.0；　　　　　　　　　　　N60~N130 粗车复合循环

N70　G71　P80　Q130　U0.5　W0.5；

N80　G01　X0　S800　F50；

N90　G03　X16.0　Z-8.0　R8.0；　　　　　　　O→A

N100　G01　X20.0　Z-20.0；　　　　　　　　　A→B

N110　G01　X20.0　Z-40.0；　　　　　　　　　B→C

N120　G02　X30.0　Z-45.0　R5.0；　　　　　　C→D

N130　G01　Z-65.0；　　　　　　　　　　　　D→E

N140　G70　P80　Q130；　　　　　　　　　　　精车循环

N150　G00　X50.　Z100.0　T0202；　　　　　　退刀，换 2 号切断刀

N160　G00　X38.0　Z-69.0；　　　　　　　　　切断前定位，设切断刀宽为 4mm

N170　G01　X0　F30；　　　　　　　　　　　　切断

N180　G00　X50.　Z100.0　T0200　M05；　　　　退刀，停主轴

N190　M30；　　　　　　　　　　　　　　　　程序结束

任务二　项目实施

一、项目分析

该导柱属于轴类零件，由圆柱面、圆弧面、槽和倒角组成，工件长度为 100mm，最大外径为 36。直径方向精度要求为（-0.002，-0.03）。零件表面粗糙度要求为 1.6μm。该工件材料为 45 钢，加工性能较好，加工之前不需要进行热处理。

该零件为回转体、轴类零件，数量为 50 件，使用数控车床加工比较合适，根据零件的直径和长度，决定使用 CK6140 型数控车床加工。

二、材料核定

根据客户要求，材料选用 45 钢，该材料的加工性能较好。材料订购明细单见表 7-1。

表 7-1　　　　　　　　　　　　　　　材 料 订 购 明 细 单

零件名称	导柱	零件数量	50 件
材料名称	45 钢	材料规格	ϕ 40
材料数量	5m		

三、工艺编制

导柱零件数控加工工艺卡片和刀具卡片见表 7-2、表 7-3。

表 7-2 导柱零件数控加工工艺卡片

单位名称	×××	产品名称或代号			零件名称		零件图号	
					导柱			
工序号	程序编号	夹具名称			使用设备		车间	
001	×××	三爪卡盘			数控车床		数控中心	
工步号	工步内容		刀具号	刀具规格（mm）	主轴转速（r/min）	进给速度（mm/min）	背吃刀量（mm）	备注
1	车端面		T01	25×25	500	100	1	手动
2	粗车外轮廓		T01	25×25	500	150	2	自动
3	精车外轮廓		T01	25×25	900	50	0.25	自动
4	切槽		T02	25×25	300	40		
5	切断，长度至100mm		T02	25×25	300	20		自动
编制		审核		批准		年 月 日	共 页	第 页

表 7-3 导柱零件数控加工刀具卡片

产品名称或代号			零件名称	冲孔凸模	零件图号		程序编号	
工步号	刀具号	刀具规格名称		数量	加工表面		刀尖半径（mm）	备注
1	T01	外圆车刀		1	车端面			
2	T01	外圆车刀		1	自右至左粗车外表面			
3	T01	外圆车刀		1	自右至左精车外表面			
4	T02	切断刀		1	切槽、切断			
编制		审核		批准			共1页	第1页

四、程序设计

编制如图 7-1 所示导柱的加工程序，并填入表 7-4。

表 7-4 导柱加工程序

程 序	说 明
O0001;	程序名（程序号）

续表

程　序	说　明

五、生产准备

1. 材料准备

根据表 7-1 所示材料订购明细单准备材料，本项目零件加工采用 $\phi30$ 的 45 钢棒料。

2. 刀具准备

根据表 7-3 所示刀具卡片准备刀具，本项目用到外圆车刀和切断刀。

3. 量具准备

测量本项目零件需要用到游标卡尺。

六、产品生产

加工过程中，请严格执行生产规范，注意人身安全和设备安全。加工产品的工作流程：

（1）机床上电，执行回参考点操作。按项目一介绍的方法操作。

（2）程序的输入、检查和修改。

（3）装夹工件毛坯，装夹刀具。按前面的方法操作。

（4）对刀及刀具补偿值的输入。切断刀的刀位点为左刀尖，对刀时要使左刀尖分别和已经车削毛坯的端面和外圆对齐。

（5）启动加工。将机床工作方式置于 AUTO 方式，选择要运行的程序，按"循环启动"按钮，启动机床实际切削加工零件。为防止程序出错，损坏机床，在第一次加工时可使用单段功能。

（6）检测零件。

注意：学员初次加工零件，要指导老师确认对刀和程序后，才可启动机床加工零件。

任务三 技 能 强 化 训 练

编制如图 7-5 所示零件的加工程序，并在仿真系统上仿真加工。

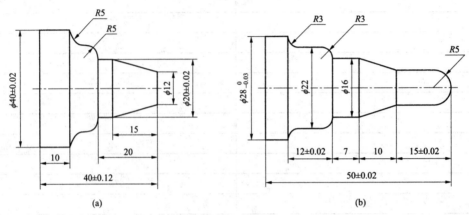

(a)   (b)

图 7-5 零件图

（a）零件图一；（b）零件图二

项目八

轴头编程与加工

项目导入：

要求加工如图 8-1 所示轴头，材料为 45 钢，数量为 50 件。

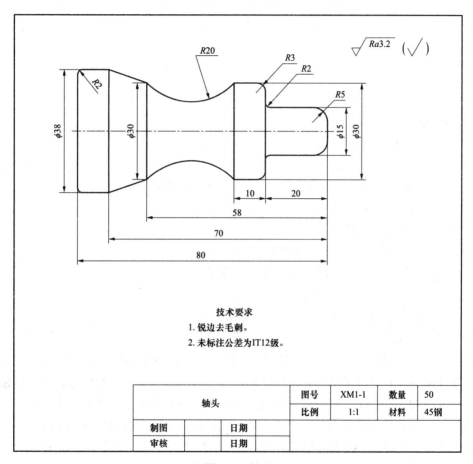

图 8-1 轴头

任务一 学习相关编程知识和工艺知识

本项目将要用到的编程指令（G73）。

一、封闭切削循环（G73）

1. 编程格式

所谓封闭切削循环就是按照一定的切削形状逐渐地接近最终形状。这种方式对于铸造或锻造毛坯的切削是一种效率很高的方法。G73 循环方式如图 8-2 所示。

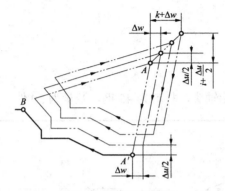

图 8-2 封闭切削循环

编程格式：

G73 U（i）W（k）R（d）;

G73 P（ns）Q（nf）U（Δu）W（Δw）;

其中   *i* ——X 轴上总退刀量（半径值），即半径方向的余量；

　　　　k ——Z 轴上总退刀量；

　　　　d ——重复加工次数。

　　　　ns ——精加工形状程序段中的开始程序段号；

　　　　nf ——精加工形状程序段中的结束程序段号；

　　　　Δu ——X 轴方向精加工余量；

　　　　Δw ——Z 轴方向的精加工余量；

2. 合理使用 G73

封闭切削循环 G73 指令在切削工件时，刀具轨迹为封闭回路，刀具逐渐进给，使封闭切削回路逐渐向零件最终形状靠近，最终切削成工件的形状。因此对铸造、锻造等粗加工中已初步成形的工件，G73 指令能进行高效率切削。与轴向切削循环 G71 指令相比，G73 指令既能加工形状具有单调变化规律的零件，又能加工形状带有凹槽或凹圆弧类的零件。G71 指令能加工的零件，G73 指令均能加工，而 G73 指令能加工的零件 G71 指令不一定能加工。从这一点来讲，G73 指令加工范围比 G71 指令广泛。

但 G73 指令的运行轨迹是零件精加工轨迹的偏移，当零件毛坯为非初步成形工件，比如说棒料时，G73 指令加工过程中有相当多的时间是在空走刀，因此加工过程费时，生产效率低下，经济效益差。实际生产中，遇到切削余量较大的棒料毛坯零件，必须使用 G73 指令加工时，能用 G71 指令加工的部分，一般可先采用 G71 指令去掉大部分加上余量后，再用 G73 指令加工。这样可以节省时间，提高生产效率。

在使用 G73 指令时，如果加工的零件形状具有单调变化规律（见图 8-3），G73 指令中

Δk 和Δw 侧的值可以是非零的数值，但其绝对值宜小不宜大（一般在 0.5mm 以内）。如果加工的零件形状带有凹槽或凹圆弧（见图 8-4），G73 指令中Δk 和Δw 的值应为零。这是因为非零的数值会造成槽两边锥面加工余量不均匀，影响零件精度和表面质量，甚至会因车不起来而造成废品。

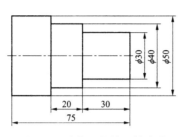

图 8-3　零件形状单调性变化

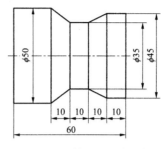

图 8-4　零件形状带有凹槽

G73 指令加工孔内有凹槽的零件时，Δi 和Δu 均为负值，Δk 和Δw 的值为零，加工过程中注意刀杆在孔内应有足够的偏移空间，防止车孔刀偏移时与孔壁碰撞。

二、加工程序举例

1. 编程举例一

零件如图 8-5 所示，毛坯为直径 25mm 的棒料，用 G73 编程。

程序如下：

```
O0002;

N10   M03   S600   T0100;

N20   G00   X30.  Z10.0;

N30   G73   U7.0   W1.0   R5;

N40   G73   P50   Q140   U0.5   W0.2   F0.2;

N50   G00   X0   Z0;

N60   G03   X14.0   Z-17.141   R10.;

N70   G01   Z-25.;

N80   G01   X21.   W-8.0;

N90         W-5.;

N100  G02   X21.   W-14.   R9.;

N110  G01   W-5.0;

N120  G02   X11.   W-5.   R5.;

N130  G01   X-71.;

N140  G01   X25.0;

N150  G70   P50   Q140;

N160  M05   M02;
```

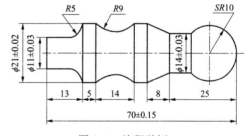

图 8-5　编程举例一

在仿真系统上演示加工过程。

2. 编程举例二

加工工件如图 8-6 所示，毛坯棒料尺寸为 36mm，不切断。

```
O7301;
N10  M03  S600  T0100;      (右偏刀)
N20  G00  X40.  Z2.;
N40  G73  U16.  W0  R10.;
N50  G73  P60  Q120  U0.5  W0.2  F80;
N60  G00  X0  Z0;
N70  G03  X16.  Z-8.  R8.  F30;
N80  G01  Z-15;
N90  X22.  Z-23.;
N100  Z-30.;
N110  G02  X32.  Z-35.  R5.;
N120  G01  Z-43;
```

三、练习

零件如图 8-7 所示，毛坯为直径 45mm 的棒料，用 G73 编程并仿真加工。

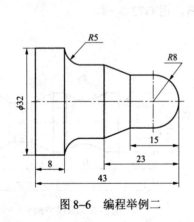

图 8-6 编程举例二

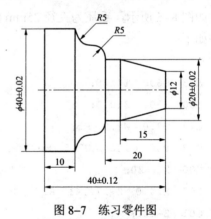

图 8-7 练习零件图

任务二 项 目 实 施

一、项目分析

该轴头属于轴类零件，由圆柱面和圆弧面组成，工件长度为 80mm，最大外径为 38。零件表面粗糙度要求为 3.2μm。该工件材料为 45 钢，加工性能较好，加工之前不需要进行热处理。

该零件为回转体、轴类零件，数量为 50 件，使用数控车床加工比较合适，根据零件的直径和长度，决定使用 CK6140 型数控车床加工。

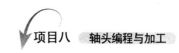

二、材料核定

根据客户要求，材料选用 45 钢，该材料的加工性能较好。材料订购明细单见表 8-1。

表 8-1　　　　　　　　　　材 料 订 购 明 细 单

零件名称	轴头	零件数量	50 件
材料名称	45 钢	材料规格	φ40
材料数量	5m		

三、工艺编制

轴头零件数控加工工艺卡片和刀具卡片见表 8-2、表 8-3。

表 8-2　　　　　　　　　　轴头零件数控加工工艺卡片

单位名称	×××	产品名称或代号		零件名称		零件图号	
				轴头			
工序号	程序编号	夹具名称		使用设备		车间	
001	×××	三爪卡盘		数控车床		数控中心	
工步号	工步内容		刀具号	刀具规格（mm）	主轴转速（r/min）	进给速度（mm/min）	背吃刀量（mm）	备注
1	车端面		T01	25×25	500			手动
2	粗车外轮廓		T01	25×25	500	150	2	自动
3	精车外轮廓		T01	25×25	900	50	0.25	自动
4	切断，长度至80mm		T03	25×25	300	20		自动
编制		审核		批准		年　月　日	共　页　第　页

表 8-3　　　　　　　　　　轴头零件数控加工刀具卡片

产品名称或代号		零件名称	冲孔凸模	零件图号		程序编号	
工步号	刀具号	刀具规格名称		数量	加工表面	刀尖半径（mm）	备注
1	T01	外圆车刀		1	车端面		
2	T01	外圆车刀		1	自右至左粗车外表面		
3	T01	外圆车刀		1	自右至左精车外表面		
4	T02	切断刀		1	切断		
编制		审核		批准		共 1 页	第 1 页

四、程序设计

编制如图 8-1 所示轴头的加工程序，并填入表 8-4。

表 8-4   轴 头 加 工 程 序

程　序	说　明
O0001；	程序名（程序号）

五、生产准备

1. 材料准备

根据表 8-1 所示材料订购明细单准备材料，本项目零件加工采用 ϕ30 的 45 钢棒料。

2. 刀具准备

根据表 8-3 所示刀具卡片准备刀具，本项目用到外圆车刀和切断刀。

3. 量具准备

测量本项目零件需要用到游标卡尺。

六、产品生产

加工过程中，请严格执行生产规范，注意人身安全和设备安全。加工产品的工作流程：

（1）机床上电，执行回参考点操作。按项目一介绍的方法操作。

（2）程序的输入、检查和修改。

（3）装夹工件毛坯，装夹刀具。按前面的方法操作。

（4）对刀及刀具补偿值的输入。切断刀的刀位点为左刀尖，对刀时要使左刀尖分别和已经车削毛坯的端面和外圆对齐。

（5）启动加工。将机床工作方式置于 AUTO 方式，选择要运行的程序，按"循环启动"按钮，启动机床实际切削加工零件。为防止程序出错，损坏机床，在第一次加工时可使用单段功能。

（6）检测零件。

注意：学员初次加工零件，要指导老师确认对刀和程序后，才可启动机床加工零件。

任 务 三　技 能 强 化 训 练

编制如图 8-8 所示零件的加工程序，并在仿真系统上仿真加工。

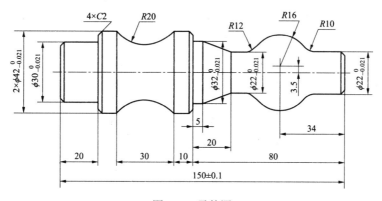

图 8-8　零件图

项目九

螺纹轴编程与加工

项目导入：

要求加工如图9-1所示螺纹轴，材料为45钢，数量为50件。

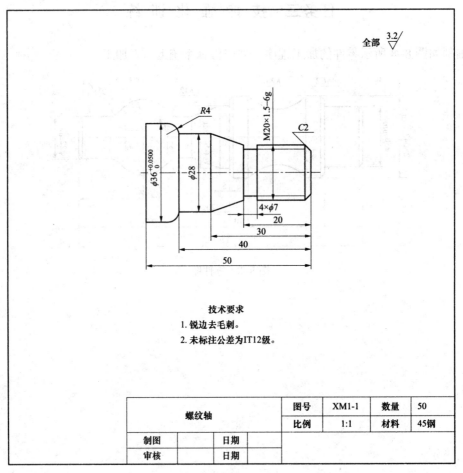

技术要求

1. 锐边去毛刺。
2. 未标注公差为IT12级。

螺纹轴		图号	XM1-1	数量	50
		比例	1:1	材料	45钢
制图	日期				
审核	日期				

图 9-1　螺纹轴

任务一　学习相关工艺知识和编程指令

本项目将要用到的新编程指令为螺纹切削指令（G92）。

一、外螺纹的标注与计算

（1）外螺纹的标注。

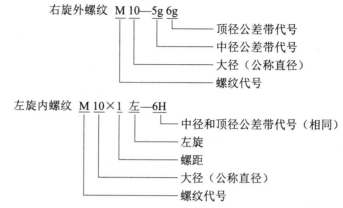

右旋外螺纹 M 10—5g 6g
- 顶径公差带代号
- 中径公差带代号
- 大径（公称直径）
- 螺纹代号

左旋内螺纹 M 10×1 左—6H
- 中径和顶径公差带代号（相同）
- 左旋
- 螺距
- 大径（公称直径）
- 螺纹代号

说明：未标注螺距，则表示为粗牙螺纹，查表 9-1，上面 M10 螺纹的螺距为 1.5mm。

表 9-1 螺纹直径与螺距的关系（最常用部分）

直径（D）	6	8	10	12	14	16	18	20	22	24	27
螺距（P）	1	1.25	1.5	1.75	2	2	2.5	2.5	2.5	3	3

（2）外螺纹的计算。普通螺纹的基本牙型如图 9-2 所示，外螺纹主要尺寸计算公式见表 9-2。

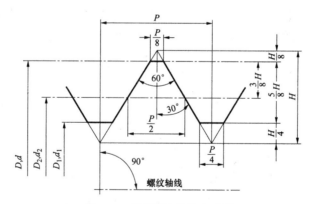

图 9-2 普通螺纹的基本牙型

表 9-2 外螺纹主要尺寸计算公式

名 称	计算公式
原始三角形高度（H）	$H=0.866P$
中径（d_2、D_2）	$d_2=D_2=d-0.6495P$
小径（d_1、D_1）	$d_1=d-1.0825P$
大径（d）	公称直径

二、外螺纹的测量

1. 用螺纹环规

通规（T）

止规（Z）

2. 三针测量法

（1）量针测量距的计算方法。三针测量是用三根直径相等的针，放在被测的螺纹工件两面的对应螺旋槽内，用外径千分尺量出钢针之间的距离 M，来判断螺纹中径的合格性。

这种测量方法比较精密，应用较为广泛。测量前应先计算值，计算公式为

$$M = d_2 + d_D \left[1 + \frac{1}{\sin \frac{\alpha}{2}} \right] - \frac{p}{2} \cot \frac{\alpha}{2}$$

用于蜗杆

$$M = d_1 + d_D \left[1 + \frac{1}{\sin \alpha} \right] - \frac{p}{2} \cot \alpha$$

式中 M——量针测量距，mm；

      d_2——螺纹中径，mm；

      d_1——蜗杆分度圆直径，mm；

      d_D——量针直径，mm；

      a——螺纹牙型角，蜗杆齿形角，（°）；

      p——螺距，mm。

（2）量针 d_D 的计算。测量不同牙型角的螺纹，所用量针直径也不同，最佳量针直径应该使量针横截面与螺纹中径处牙侧相切。因此量针 d_D 可按下式计算

$$d_D = \frac{P}{2 \cos \frac{\alpha}{2}}$$

用于蜗杆

$$d_D = \frac{P}{2 \cos \alpha}$$

3. 单针测量法

螺纹中径的测量除三针测量法外，还有单针测量法，它的特点是只要使用一根量针测量，比较简便，但由于千分尺的固定测杆与工件的外圆接触，所以它会受工件外圆直径变化的影响。

单针测量计算公式如下

$$A = \frac{M + d_0}{2}$$

式中 A——单针测量值，mm；

      d_0——螺纹大径的实际尺寸，mm；

      M——三针测量时量针测量距，mm。

4. 齿厚测量法

测量精度要求不高的蜗杆时，可采用齿轮游标卡尺测量测得的读数是蜗杆在分度圆直径 d_1 处法向齿厚。

三、外螺纹车刀的形式及其刀位点

外螺纹车刀的形式及其刀位点如图 9-3 所示。

四、编程指令

1. 单行程螺纹切削（G32）

G32　　X（U）_____　Z（W）_____　　F_____

2. 螺纹切削循环（G92）

G92　　X（U）_____　Z（W）_____　I_____　F_____

I 为锥螺纹始点与终点的半径差。加工圆柱螺纹时，I 为零，可省略，其格式为：

G92　　X（U）_____　Z（W）_____　　F_____

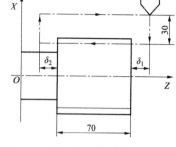

图 9-3　外螺纹车刀的形式及其刀位点

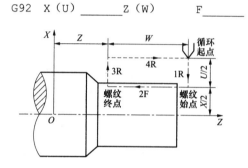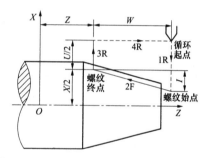

图 9-4　螺纹切削循环的刀具轨迹

五、编制螺纹加工程序应注意的几个问题

（1）螺纹加工切入与切出距离确定。如图 9-3 所示，图中 δ_1 为切入量，δ_2 为切出量。一般 δ_1=2～5mm，δ_2=（1/4～1/2）δ_1。

（2）螺纹加工走刀次数与切削余量确定。加工螺距较大、牙型较深的螺纹时，通常是采用多次走刀，分层切入的办法进行加工。每次粗切余量是按递减规律分配的。

六、编程举例

如图 9-5 所示，设毛坯的螺纹部分已车成 ϕ32.0，退刀槽和右端倒角已车好，用 G92 指令加工如图所示的 M30×2-6g 普通圆柱螺纹。

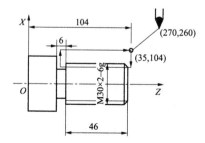

图 9-5　普通圆柱螺纹举例

由 GB 197—1981 中查出，螺距为 2mm 时，g 的基本偏差（上偏差）es=−0.038mm；公差等级为 6 级时，大径公差为 0.28mm；所以，M30×2-6g 的螺纹外径为 $\phi30^{-0.038}_{-0.318}$ mm。

取编程外（大）径为 ϕ29.7mm。设其牙底由单一的圆弧 R 构成，取 R=0.2mm。据计算螺纹底径为：30−1.0825×2=27.835mm。取编程底（小）径为 ϕ27.83mm。

```
N01  M03  S800  T0100;
 N02  G00  X35.0  Z104.0;
N03  G90  X30.0  Z53.0  F100;
N04  G90  X29.7  Z53.0;
N05  T0202  S600;
N07  G92  X28.9  Z53.0  F2.0;
N08  X28.2;
N09  X27.7;
N10  X27.3;
N12  G00  X270.0  Z260.0  T0100;
N13  M05;
N15  M30;
```

任务二　项　目　实　施

一、项目分析

该螺纹轴属于轴类零件，由圆柱面组成，工件长度为 50mm，最大外径为 36。直径方向精度要求为（0，+0.05）。零件表面粗糙度要求为 3.2μm。该工件材料为 45 钢，加工性能较好，加工之前不需要进行热处理。

该零件为回转体、轴类零件，数量为 50 件，使用数控车床加工比较合适，根据零件的直径和长度，决定使用 CK6140 型数控车床加工。

二、材料核定

根据客户要求，材料选用 45 钢，该材料的加工性能较好。材料订购明细单见表 9-3。

表 9-3　　　　　　　　　　材 料 订 购 明 细 单

零件名称	螺纹轴	零件数量	50件
材料名称	45 钢	材料规格	$\phi 38$
材料数量	5m		

三、工艺编制

螺纹轴零件数控加工工艺卡片和刀具卡片见表 9-4、表 9-5。

表 9-4　　　　　　　　　螺纹轴零件数控加工工艺卡片

单位名称	×××	产品名称或代号		零件名称	零件图号
				螺纹轴	
工序号	程序编号	夹具名称		使用设备	车间
001	×××	三爪卡盘		数控车床	数控中心

续表

工步号	工步内容	刀具号	刀具规格（mm）	主轴转速（r/min）	进给速度（mm/min）	背吃刀量（mm）	备注
1	车端面	T01	25×25	500			手动
2	粗车外轮廓	T01	25×25	500	150	2	自动
3	精车外轮廓	T01	25×25	900	50	0.25	自动
4	切断，长度至50mm	T03	25×25	300	20		自动
编制		审核		批准		年 月 日	共 页 第 页

表 9-5   螺纹轴零件数控加工刀具卡片

产品名称或代号			零件名称	冲孔凸模	零件图号		程序编号	
工步号	刀具号	刀具规格名称	数量		加工表面		刀尖半径（mm）	备注
1	T01	外圆车刀	1		车端面			
2	T01	外圆车刀	1		自右至左粗车外表面			
3	T01	外圆车刀	1		自右至左精车外表面			
4	T02	切断刀	1		切断			
编制		审核		批准			共 1 页	第 1 页

四、程序设计

编制图 9-1 所示螺纹轴的加工程序，并填入表 9-6。

表 9-6   螺 纹 轴 加 工 程 序

程 序	说 明
O0001;	程序名（程序号）

续表

程　序	说　明

五、生产准备

1. 材料准备

根据表 9-3 所示材料订购明细单准备材料，本项目零件加工采用 ϕ40 的 45 钢棒料。

2. 刀具准备

根据表 9-5 所示刀具卡片准备刀具，本项目用到外圆车刀和切断刀。

3. 量具准备

测量本项目零件需要用到游标卡尺。

六、产品生产

加工过程中，请严格执行生产规范，注意人身安全和设备安全。加工产品的工作流程：

（1）机床上电，执行回参考点操作。按项目一介绍的方法操作。

（2）程序的输入、检查和修改。

（3）装夹工件毛坯，装夹刀具。按前面的方法操作。

（4）对刀及刀具补偿值的输入。切断刀的刀位点为左刀尖，对刀时要使左刀尖分别和已经车削毛坯的端面和外圆对齐。

（5）启动加工。将机床工作方式置于 AUTO 方式，选择要运行的程序，按"循环启动"按钮，启动机床实际切削加工零件。为防止程序出错，损坏机床，在第一次加工时可使用单段功能。

（6）检测零件。

注意：学员初次加工零件，要指导老师确认对刀和程序后，才可启动机床加工零件。

任务三　技能强化训练

编程并加工如图 9-6 所示零件。

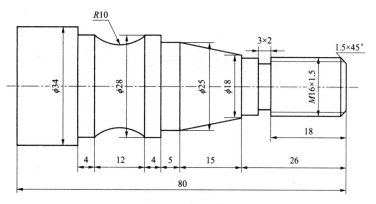

图 9-6　螺纹轴

项 目 十

螺纹锥堵编程与加工

项目导入：

要求加工如图 10-1 所示螺纹锥堵，材料为 45 钢，数量为 50 件。

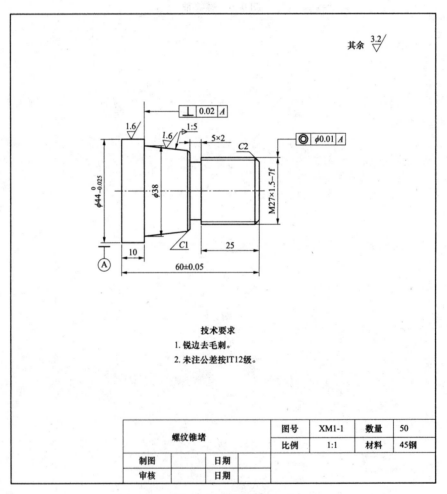

图 10-1 螺纹锥堵

任务一 学习相关编程指令

本项目将要用到的编程新指令有：子程序的编程方法。

一、学习子程序编程知识

1. 子程序的概念

机床的加工程序可以分为主程序和子程序两种。主程序是一个完整的零件加工程序，或是零件加工程序的主体部分。它与被加工零件或加工要求一一对应，不同的零件或不同的加工要求都有唯一的主程序。

在编制加工程序中，有时会遇到一组程序段在一个程序中多次出现，或者在几个程序中都要使用它。这个典型的加工程序可以做成固定程序，并单独加以命名，这组程序段就称为子程序。

子程序一般都不可以作为独立的加工程序使用，它只能通过主程序进行调用，实现加工中的局部动作。子程序执行结束后，能自动返回到调用它的主程序中。

2. 子程序的格式

在大多数数控系统中，子程序和主程序并无本质区别。子程序和主程序在程序号及程序内容方面基本相同，仅结束标记不同。主程序用 M02 或 M30 表示结束，而子程序在 FANUC 系统中用 M99 表示子程序结束，并实现自动返回主程序功能，如下述子程序。

```
O0040;
G01  U-1.0  W0;
...
G28  U0  W0;
M99;
```

对于子程序结束指令 M99，不一定要单独书写一行，如上面子程序中最后两段可写成"G28 U0 W0 M99；"。

3. 子程序的调用

子程序由主程序或子程序调用指令调出执行，调用子程序的指令格式如下：

```
M98  P___  L____;
```

其中，地址 P 设定调用的子程序号，地址 L 设定子程序调用重复执行的次数。地址 L 的取值范围为 1～999。如果忽略 L 地址，则默认为 1 次。当在程序中再次用 M98 指令调用同一个子程序时，L1 不能省略，否则 M98 程序段调用子程序无效。

例：`M98 P1002 L5;`

表示号码为 1002 的子程序连续调用 5 次，M98 P___ 也可以与移动指令同时存在于一个程序段中。

例：`X1000 M98 P1200;`

此时，X 移动完成后，调用 1200 号子程序。

主程序调用子程序的形式如图 10-2 所示。

4. 子程序的嵌套

为了进一步简化加工程序，可以允许其子程序再调用另一个子程序，这一功能称为子程序的嵌套。

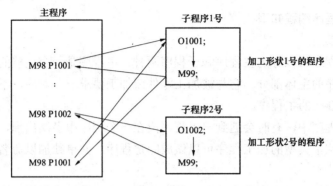

图 10-2 子程序的调用

当主程序调用子程序时，该子程序被认为是一级子程序，FANUC0 系统中的子程序允许 4 级嵌套（见图 10-3）。

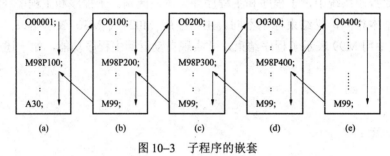

图 10-3 子程序的嵌套

（a）主程序；（b）一级嵌套；（c）二级嵌套；（d）三级嵌套；（e）四级嵌套

5. 子程序调用的特殊用法

（1）子程序返回到主程序中的某一程序段。如果在子程序的返回指令中加上 Pn 指令，则子程序在返回主程序时，将返回到主程序中有程序段段号为 n 的那个程序段，而不直接返回主程序。其程序格式如下：

M99 Pn;

M99 P100；（返回到 N100 程序段）

（2）自动返回到程序开始段。如果在主程序中执行 M99，则程序将返回到主程序的开始程序段并继续执行主程序；也可以在主程序中插入 M99 Pn，用于返回到指定的程序段。为了能够执行后面的程序，通常在该指令前加 "/"，以便在不需要返回执行时，跳过该程序段。

（3）强制改变子程序重复执行的次数。用 M99 L×× 指令可强制改变子程序重复执行的次数，其中 L×× 表示子程序调用的次数。例如，如果主程序用 M98P××L99，而子程序采用 M99 L2 返回，则子程序重复执行的次数为 2 次。

6. 使用子程序的注意事项

（1）编程时应注意子程序与主程序之间的衔接问题。

（2）在试切阶段，如果遇到应用子程序指令的加工程序，就应特别注意车床的安全问题。

（3）子程序多是增量方式编制，应注意程序是否闭合。

提示

子程序多使用增量方式编制，在使用子程序时要注意主程序和子程序的衔接。

二、子程序应用范例

运用数控车床加工如图 10-4 所示轴类零件，毛坯为 $\phi40\times220$ 棒料，材料为 45 钢。

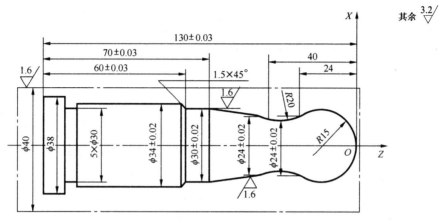

图 10-4　轴类零件

1. 工艺分析与工艺设计

（1）图样分析。图 10-4 所示零件由球面、圆弧表面、圆柱面和圆锥面组成，零件的尺寸精度和表面粗糙度要求较高。从右至左，零件的外径尺寸有时增大，有时减小。

（2）加工工艺路线设计。

1）自右至左粗加工各面。

a）车端面。

b）车外圆 $\phi38.5mm$，长 135mm。

c）车外圆 $\phi34.4mm$，长 119.5mm。

d）车外圆 $\phi30.4mm$，长 52.7mm。

e）倒角去料 8×45°。

2）自右至左精加工各面。

a）粗、精车 $\phi30$ 圆球右半球。

b）粗、精车 $\phi30$ 圆球左半球、R20 圆弧、粗车锥度。

c）精、车其余外形。

3）切退刀槽。

4）切断。

（3）刀具及切削用量选择。

1）刀具选择。

外圆刀 T1：半粗车、精车；

115

切断刀 T2：宽 3mm；

圆弧刀 T3：车圆弧。

2）选择切削用量（单位：转速 r/min、进给量 mm/min）。

粗车外圆 S500、F50；精车外圆 S900、F15；

切糟 S250、F8；

粗车圆弧 S500、F30；精车圆弧 S800、F15；

切断 S200、F10。

2. 程序编制

粗加工和精加工分为 2 个程序，$R15$ 球左半部分、$R20$ 圆弧和圆锥面的加工用子程序编程。

（1）粗加工。

O0001;	
N010 G50 X80 Z50;	设定工件坐标系
N015 T0100;	选用 01 号车刀，01 号车刀为标准刀
N020 S300 M03;	主轴正转，300r/min
N030 G00 X50 Z8;	车刀快速移至 X50、Z8 定位
N040 G94 X1 Z0 F20;	粗车外端面循环，进给量为 20mm/min
N050 S500;	提高主轴转速至 500r/min
N060 G90 X38.4 Z-135 F50;	车外圆 ϕ38.5、Z-135，进给量为 50mm/min
N070 X34.2 Z-119.5;	车外圆 X34.2、Z-119.5
N080 X30.2 Z-69.5;	车外圆 X30.2、Z-69.5
N090 G00 X40 Z2	车刀快速移至 X14.5，Z2 定位
N100 G90 X32 Z-5 R-7 F40	倒角 3×45°
N110 X32 Z-90;	
N120 G00 X80 Z50;	回坐标系设定点，取消刀补
N130 M05;	主轴停转
N140 M30;	程序结束

（2）精加工。

N010 G50 X80 Z50;	设定工件坐标系
N020 T0100;	选用 01 号车刀
N030 S500 M03;	主轴正转，500r/min
N040 G00 X0 Z5;	车刀快速移到 X0、Z8 定位
N050 G01 Z1 F30;	粗加工 $R15$ 圆球的右半部分
N060 G03 X32 Z-15 R16;	
N070 G01 X36;	
N080 G00 X36 Z5;	
N090 X0 Z5 S900;	提高转速到 900r/min

N100	G01	Z0	F15;	精加工 R15 圆球的右半部分
N110	G03	X30	Z-15	R15;
N120	G01	X36;		
N130	G00	X80	Z50;	回换刀起始点
N140	T0303;			选用 3 号刀,刀补为 03 号
N150	S500;			改变为 500r/min
N160	G00	X45	Z-15;	车刀快速移到 X45、Z-15 定位
N170	G01	X36	F30;	
N180	M98	P0009;		调用子程序粗加工 R15 球
N190	G01	X32.5;		左半部分,R20 圆弧和圆锥
N200	M98	P0009;		
N210	G01	X30.10	S900	F15;
N220	M98	P0009;		调用子程序精加工
N230	G01	X30;		
N240	M98	P0009;		
N250	G00	X80	Z50;	回换刀起始点
N260	T0300;			取消 03 号刀补
N270	T0100;			选用 01 号刀
N280	G00	X36	Z-58;	快速移到 X36、Z-58 定位
N290	G01	X30	F15;	精加工外形
N300	Z-70;			
N310	X31;			
N320	X34	Z-71.5;		
N330	Z-120;			
N340	X38;			
N350	Z-133;			
N360	X42;			
N370	G00	X80	Z50;	回换刀起始点
N380	T0202;			选用 02 号刀,刀补号为 02
N390	M08	S250;		打开切削液,转速为 250r/min
N400	G00	X42	Z-120;	
N410	G01	X30	F8;	
N420	X38	F15;		
N430	W2;			切削退刀槽
N440	X30	F8;		
N450	X42	F15;		
N460	G00	X45	Z-133	S200;

N460 G00 X45 Z-133 S200; 快速移到 X45、Z-133

N470	G01	X2	F10；	切断，进给率为 4mm/min
N480	X42	F15；		退刀，进给率为 15mm/min
N490	G00	X80	Z50；	回换刀起始点
N500	T0200	M09；		取消 02 号刀补，关闭切削液
N510	M05；			停止主轴
N520	M30；			结束程序

（子程序）

O0009；			子程序号
N010	G03	X24 Z-24 R15；	走 R15 圆弧
N020	G02	X24 Z-40 R20；	走 R20 圆弧
N030	G01	X30 Z-60；	走锥度
N040	X42；		退刀
N050	G00	Z-15；	回起始进刀点
N060	M99；		结束子程序

任务二 项 目 实 施

一、项目分析

该螺纹锥堵零件材料为 45 钢，切削加工性能较好。该零件表面由外圆柱面、圆锥面、槽、螺纹和倒角等组成，外圆尺寸精度为 $\phi 44$（0，−0.025），端面与外圆的垂直度为 0.02，外锥体及螺纹与外圆的同轴度要求为 $\phi 0.01$，总长尺寸为（60±0.05）mm。该工件加工性能较好，加工之前不需要进行热处理。

该零件为回转体、轴类零件，数量为 50 件，使用数控车床加工比较合适，根据零件的直径和长度，决定使用 CK6140 型数控车床加工。

二、材料核定

根据客户要求，材料选用 45 钢，该材料的加工性能较好。材料订购明细单见表 10−1。

表 10−1　　　　　　　　材 料 订 购 明 细 单

零件名称	螺纹锥堵	零件数量	50 件
材料名称	45 钢	材料规格	$\phi 45$
材料数量	5m		

三、工艺编制

螺纹锥堵零件数控加工工艺卡片和刀具卡片见表 10−2、表 10−3。

表 10-2　　　　　　　　螺纹锥堵零件数控加工工艺卡片

单位名称	×××	产品名称或代号		零件名称	零件图号
				螺纹锥堵	
工序号	程序编号	夹具名称		使用设备	车间
001	×××	三爪卡盘		数控车床	数控中心
工步号	工步内容	刀具号	刀具规格（mm）	主轴转速（r/min）	进给速度（mm/min）	背吃刀量（mm）	备注
1	车端面	T01	25×25	500			手动
2	粗车外轮廓	T01	25×25	500	150	2	自动
3	精车外轮廓	T01	25×25	900	50	0.25	自动
4	切槽	T03	25×25	300	50		
5	车螺纹	T02	25×25	400	400		
6	切断，长度至 60mm	T03	25×25	300	20		自动
编制		审核		批准		年 月 日	共 页 第 页

表 10-3　　　　　　　　螺纹锥堵零件数控加工刀具卡片

产品名称或代号		零件名称	冲孔凸模	零件图号		程序编号	
工步号	刀具号	刀具规格名称		数量	加工表面	刀尖半径（mm）	备注
1	T01	外圆车刀		1	车端面		
2	T01	外圆车刀		1	自右至左粗车外表面		
3	T01	外圆车刀		1	自右至左精车外表面		
4	T03	切断刀		1	切槽		
5	T02	螺纹刀		1	车螺纹		
6	T03	切断刀		1	切断		
编制		审核		批准		共 1 页	第 1 页

四、程序设计

编制如图 10-1 所示螺纹锥堵的加工程序，并填入表 10-4。

表 10-4　　　　　　　　螺 纹 锥 堵 加 工 程 序

程　　序	说　　明
O0001；	程序名（程序号）

程　序	说　明

五、生产准备

1. 材料准备

根据表 10-1 所示材料订购明细单准备材料，本项目零件加工采用 ϕ45 的 45 钢棒料。

2. 刀具准备

根据表 10-3 所示刀具卡片准备刀具，本项目用到外圆车刀、螺纹刀和切断刀。

3. 量具准备

测量本项目零件需要用到游标卡尺。

六、产品生产

加工过程中，请严格执行生产规范，注意人身安全和设备安全。加工产品的工作流程：

（1）机床上电，执行回参考点操作。按项目一介绍的方法操作。

（2）程序的输入、检查和修改。

（3）装夹工件毛坯，装夹刀具。按前面的方法操作。

（4）对刀及刀具补偿值的输入。切断刀的刀位点为左刀尖，对刀时要使左刀尖分别和已经车削毛坯的端面和外圆对齐。

（5）启动加工。将机床工作方式置于 AUTO 方式，选择要运行的程序，按"循环启动"按钮，启动机床实际切削加工零件。为防止程序出错，损坏机床，在第一次加工时可使用单段功能。

（6）检测零件。

注意：学员初次加工零件，要指导老师确认对刀和程序后，才可启动机床加工零件。

任务三 技能强化训练

编程并加工如图 10-5 所示零件。

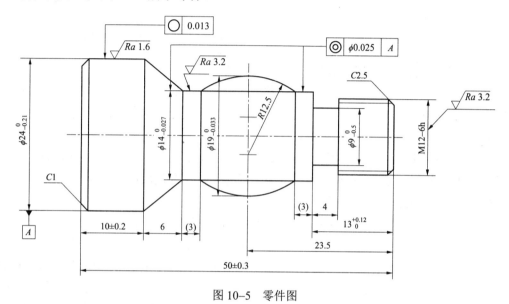

图 10-5 零件图

任务四 知识拓展：车刀刀具半径补偿

车削数控编程和对刀操作是以理想尖锐的车刀刀尖为基准进行的。为了提高刀具寿命和降低加工表面的粗糙度，实际加工中的车刀刀尖不是理想尖锐的，而总是有一个半径不大的圆弧，因此可能会产生加工误差。在进行数控车削的编程和加工过程中，必须对由于车刀刀尖圆角产生的误差进行补偿，才能加工出高精度的零件。

一、车刀刀尖圆角引起加工误差的原因

在实际加工过程中所用车刀的刀尖都呈一个半径不大的圆弧形状（见图 10-6），而在数控车削编程过程中，为了编程方便，常把刀尖看作为一个尖点，即所谓假想刀尖（图 10-6 中的 o' 点）。在对刀时一般以车刀的假想刀尖作为刀位点，所以在车削零件时，如果不采取补偿措施，将是车刀的假想刀尖沿程序编制的轨迹运动，而实际切削的是刀尖圆角的切削点。由于假想刀尖的运动轨迹和刀尖圆角切削点的运动轨迹不一致，使得加工时可能会产生误差。

在上述情况下，用带刀尖圆角的车刀车削端面、外径、内径等与轴线平行的表面时，不会产生误差，但在进行倒角、锥面及圆弧切削时，则会产生少切或过切现象（见图 10-7）。

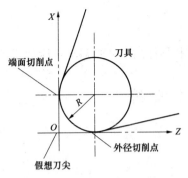

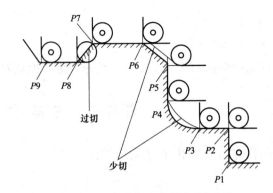

图 10-6　假想刀尖与刀尖圆角　　　　图 10-7　刀尖圆角造成的少切与过切

二、消除车刀刀尖圆角所引起加工误差的方法

消除车刀刀尖圆角所引起加工误差的前提条件是：要确定刀尖圆角半径。由于在数控车削中一般都使用可转位刀片，每种刀片的刀尖圆角半径是一定的，所以选定了刀片的型号，对应刀片的刀尖圆角半径即可确定。

当机床具备刀具半径补偿功能 G41、G42 时，可运用刀具半径补偿功能消除加工误差。

（1）所用指令。为了进行车刀刀尖圆角半径补偿，需要使用以下指令。

G40：取消刀具半径补偿。即按程序路径进给。

G41：左偏刀半径补偿。按程序路径前进方向，刀具偏在零件左侧进给。

G42：右偏刀半径补偿。按程序路径前进方向，刀具偏在零件右侧进给。

（2）假想刀尖方位的确定。车刀假想刀尖相对刀尖圆角中心的方位和刀具移动方向有关，它直接影响刀尖圆角半径补偿的计算结果。图 10-8 是车刀假想刀尖方位及代码。从图中可以看出假想刀尖 A 的方位有八种，分别用 1～8 八个数字代码表示，同时规定，假想刀尖取圆角中心位置时，代码为 0 或 9，可以理解为没有半径补偿。

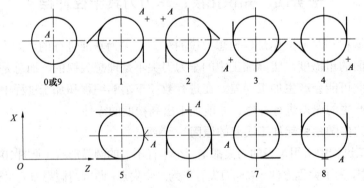

图 10-8　车刀假想刀尖方位及代码

三、车刀刀具补偿值的确定和输入

车刀刀具补偿包括刀具位置补偿和刀尖圆角半径补偿两部分，刀具代码 T 中的补偿号对应的存储单元中（即刀具补偿表中）存放一组数据：X 轴、Z 轴的位置补偿值、刀尖圆角半径值和假想刀尖方位（0～9）。操作时，按以下步骤进行。

（1）确定车刀 X 轴和 Z 轴的位置补偿值。如果数控车床配置了标准刀架和对刀仪，在编程时可按照刀架中心编程，即将刀架中心设置在起始点，从该点到假想刀尖的距离设置为位置补偿值，如图 10-9 所示，该位置补偿值可用对刀进行测量。如果数控车床配置的是生产厂商所特供的特殊刀架，则刀具位置补偿值与刀杆在刀架上的安装位置有关，无法使用对刀仪，因此，必须采用分别试切工件外圆和端面的方法来确定刀具位置补偿值。

（2）确定刀尖圆角半径。根据所选用刀片的型号查出其刀尖圆角半径。

（3）根据车刀的安装方位，对照图 10-8 所示的规定，确定假想刀尖方位代码。

（4）将每把刀的上述四个数据分别输入车床刀具补偿表（注意和刀具补偿号对应）。

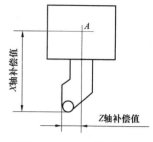

图 10-9　车刀位置补偿

通过上述操作后，数控车床加工中即可实现刀具自动补偿。

注意事项：

（1）G41、G42 和 G40 指令不能与圆弧切削指令写在同一个程序段内，但可与 G01、G00 指令写在同一程序段内，即它是通过直线运动来建立或取消刀具补偿的。

（2）在调用新刀具前或要更改刀具补偿方向时，中间必须取消前一个刀具补偿，避免产生加工误差。

（3）在 G41 或 G42 程序段后面加 G40 程序段，便可以取消刀尖半径补偿，其格式为：

G41（或 G42）……；

……

G40……；

程序的最后必须以取消偏置状态结束，否则刀具不能在终点定位，而是停在与终点位置偏移一个矢量的位置上。

（4）G41、G42 和 G40 是模态代码。

（5）在 G41 方式中，不要再指定 G42 方式，否则补偿会出错；同样，在 G42 方式中，不要再指定 G41 方式。当补偿取负值时，G41 和 G42 互相转化。

（6）在使用 G41 和 G42 之后的程序段中，不能出现连续两个或两个以上的不移动指令，否则 G41 和 G42 会失效。

四、应用刀具补偿编程的实例

精车如图 10-10 所示零件的一段圆锥外表面，使用 01 号车刀，按刀架中心编程，01 号车刀的假想刀尖距刀架中心的偏移量及安装方位如图 10-10 所示，刀尖圆角半径为 0.2。

01 号车刀的刀具补偿值见表 10-5（R 为刀尖圆角半径，T 为假想刀尖方位代码）。

表 10-5　　　　刀　具　补　偿　表

刀补号	X	Z	R	T
01	100.0	150.0	0.2	3

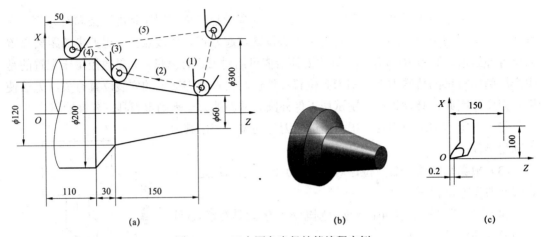

图 10-10 刀尖圆角半径补偿编程实例

（a）零件图；（b）实体图；（c）01 号刀

数控加工程序如下：

......

N10 G00 X300 Z330 T0101;   调用 01 号刀和 1 号刀补，刀具快速定位

N12 G42 G00 X60.0 Z290.0;   刀补引入程序段

N14 G01 X120.0   W-150.0 F0.3;   圆锥外圆面车削

N16 X200.0 W-30.0;   锥形台阶车削

N18 Z50.0; ϕ200 mm外圆车削

N20 G40 G00 X300.0 Z330;   取消刀补

......

项目十一

带轮编程与加工

项目导入:

要求加工如图 11-1 所示带轮,材料为 45 钢,数量为 50 件。

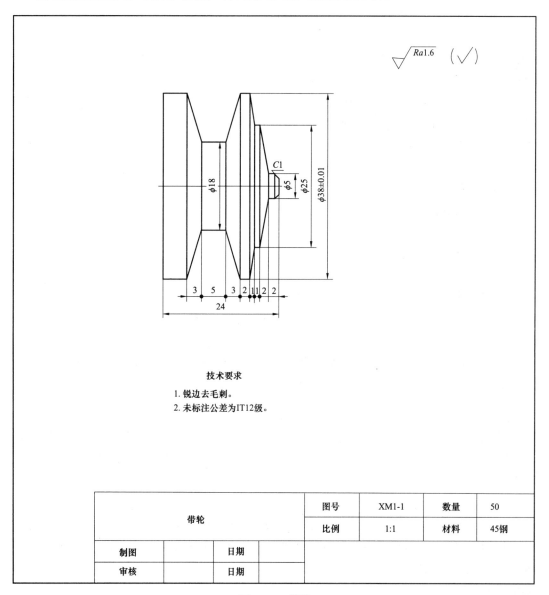

图 11-1 带轮

任务一　学习相关编程指令

本项目将要用到的编程指令有：端面粗车复合循环 G72。

1. 车槽和切断时切削用量的选择

由于切断（槽）刀的刀体强度较差，在选择切削用量时，应适当减小其数值。总的来说，硬质合金切断刀比高速钢切断刀选用的切削用量要大，切断钢件材料时的切削速度比切断铸铁材料时的切削速度要高，而进给量要略小一些。

（1）背吃刀量 a_p。切断、车槽均为横向进给切削，背吃刀量 a_p 是垂直于已加工表面方向所量得的切削层宽度的数值，所以切断时的背吃刀量等于切断刀刀体的宽度。

（2）进给量 f。一般用高速钢车刀切断钢件时 $f=0.05\sim0.1$mm/r；切断铸铁料时 $f=0.01\sim0.2$mm/r；用硬质合金切断刀切断钢料时 $f=0.01\sim0.2$mm/r；切断铸铁料时 $f=0.15\sim0.25$mm/r。

（3）切削速度 v_c。用高速钢车刀在钢料上车槽或切断时，$v_c=30\sim40$m/min；切断铸铁料时 $v_c=15\sim25$m/min；用硬质合金车刀在钢料上车槽或切断时，$v_c=80\sim120$m/min；切断铸铁料时 $v_c=60\sim100$m/min。

2. 编程指令

（1）暂停指令 G04。

1）指令格式：

G04 X__；

或 G04 P__；

或 G04 U__；

2）指令功能。各轴运动停止，不改变当前的 G 指令模态和保持的数据、状态，延时给定的时间后，再执行下一个程序段。比如切断（槽）刀车槽，当切断（槽）刀切到槽底时，为了使槽底圆整，经常会用到此指令。

3）指令说明。G04 为非模态 G 指令；G04 延时时间由指令字 X_、P_或 U_指定；指令字 X_、P_或 U_指令值的时间单位，见表 11-1。

表 11-1　　　　　　　　　　　　　G04 指令值的时间单位

地址	P	X	U
单位	0.001s	s	s

（2）端面粗车复合循环 G72。

1）指令运动轨迹及功能。数控系统根据精车轨迹、精车余量、进给量、退刀量等数据自动计算粗加工路线，沿 X 轴平行的方向切削。通过多次进刀→切削→退刀的切削循环完成工件的粗加工，G72 的起点和终点相同，对于非成形棒料可一次成形。其运动轨迹如图 11-2 所示。

精车轨迹为 A 点→ B 点→ C 点；粗车轨迹为精车轨迹按精车余量（Δu、Δw）偏移后轨迹，是执行 G72 形成的轨迹轮廓。精加工轨迹的 A、B、C 点经偏移后对应粗车轮廓的 A'、B'、C' 点，G72 指令最终的连续切削轨迹为 B' 点→ C' 点。

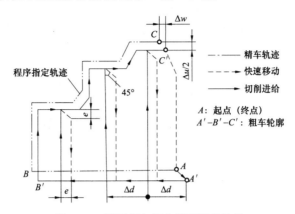

图 11-2 端面粗车复合循环运动轨迹

2）指令的执行过程。

a）从起点 A 点快速移动到 A' 点，X 轴移动 Δu、Z 轴移动 Δw。

b）从 A' 点 Z 轴移动；Δd（进刀），ns 程序段是 G00 时按快速移动速度进刀，ns 程度段是 G01 时按 G72 的切削进给速度 F 进刀，进刀方向与 A' 点→ B' 点的方向一致。

c）X 轴切削进给到粗车轮廓，进给方向与 X 轴平行。

d）X 轴、Z 轴快速退刀 e（45°直线），退刀方向与各轴进刀方向相反。

e）X 轴以快速退回到与 A' 点 X 轴绝对坐标相同的位置。

f）Z 轴再次进刀（$\Delta d+e$）后，重复以上车削动作，直至到达 B' 点。

g）沿粗车轮廓从 B' 点切削进给至 C' 点。

h）从 C' 点快速移动到 A 点，G72 循环结束。程序转到下一个程序段执行。

3）指令格式：

```
G72 W(Δd)  R(e) F_S_T_;
G72 P(ns) Q(nf) U (Δu) W (Δw);
N__ (ns) G00 (G01)……;
G01 . . . . . ;
……F;

……S;
……T;
……;
N (ns) G00 (G01)……;
……;
```

其中，Δd 为粗车时 Z 轴背吃刀量，无符号，切入方向由 $A→B$ 方向决定；e 为粗车时 Z

轴的退刀量，无符号；ns 为精加工轨迹的第一个程序段的程序段号；nf 为精加工轨迹的最后一个程序段的程序段号；Δu 为粗车时 X 轴留出的精加工余量，（直径值，有符号）；Δw 为粗车时 Z 轴留出的精加工余量，（有符号）；F 为切削进给速度；S 为主轴的转速；T 为刀具号、刀具偏置号。

4）留精车余量时坐标的偏移方向。Δu、Δw 反映了坐标偏移方向，按 Δu、Δw 的符号有四种不同的组合，如图 11-3 所示。图 11-3 中，$B{\to}C$ 为精车轨迹，$B'{\to}C'$，为粗车轮廓，A 为起刀点。

由图 11-3 可知，在确定 Δu、Δw 的正负号时，可以简单地总结出一句话：当 X、Z 轴向远离工件的方向留余量时，Δu、Δw 的符号为正，反之为负。

5）指令说明。

a）ns～nf 程序段必须紧跟在 G72 程序后编写。

b）执行 G72 时，ns～nf 程序段仅用于计算粗车轮廓，程序段并未被执行，ns～nf 程序段中的 F、S、T 指令在执行 G72 循环时无效，而 G72 程序段的 F、S、T 指令有效，ns～nf 程序段中的 F、S、T 指令只有在执行 G70 精加工循环时有效。

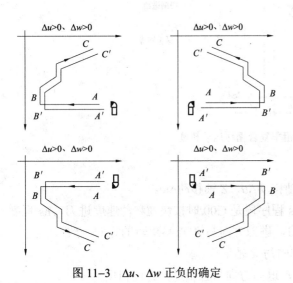

图 11-3 Δu、Δw 正负的确定

c）刀尖圆弧半径补偿功能（G40、G41、G42）执行 G72 循环中无效，执行 G70 精加工循环时才有效。

d）Δd 和 Δw 两者都由地址 w 指定时，其区别在于程序段中有无 P 和 Q 指令字。

注意事项：

ns 程序段只能含有 Z（W）坐标指令字（通常跟在 G00 指令后）。

精车轨迹（ns～nf 程序段）X、Z 轴的尺寸都必须是单调变化。

ns～nf 程序段中只能有 G 功能，不能有子程序调用指令。

同一程序中多次使用复合循环指令时，ns～nf 不允许有相同程序段号。

任务二 项 目 实 施

一、项目分析

图 11-1 所示零件除外圆有较高的精度要求外，其他内容精度要求一般，表面粗糙度 $Ra3.2\mu m$ 要求也不高，外圆端面加工较为简单，注意保证精度要求即可。零件右端的锥台部分可以用 G01 指令加工，也可用 G94 指令来加工，但这样编程会使程序变得冗长，且计算量较大，编程容易出错。如果采用轴向粗车复合循环指令 G71 加工，那么会因 Z 向长度较短，而使得机床频繁退刀，既浪费时间又增加了机床的磨损，因此可以采用新的指令一

端面复合循环指令 G72 来加工。梯形槽在普通车床上加工时一般先用切槽刀车直槽，再用成形刀加工两侧锥面至尺寸要求，在数控车床上一般用一把切槽刀即可完成，如果用 G01 指令来加工，同样会使程序繁琐和计算量大，可以采用 G94 或 G72 指令来加工，使程序简洁。

　　为了保证加工质量，在加工过程中需选用合适的刀具（包括刀具类型、刀具材料）、合适的切削用量及切削液。如车刀有刀尖圆弧应使用刀尖圆弧半径的补偿（G40、G41、G42）功能。

　　该带轮属于槽类零件，由圆柱面、圆锥面和槽组成，工件长度为 24mm，最大外径为 38。直径方向精度要求为（-0.01，+0.01）。零件表面粗糙度要求为 1.6μm。该工件材料为 45 钢，加工性能较好，加工之前不需要进行热处理。

　　该零件为回转体、槽类零件，数量为 50 件，使用数控车床加工比较合适，根据零件的直径和长度，决定使用 CK6140 型数控车床加工。

二、材料核定

　　根据客户要求，材料选用 45 钢，该材料的加工性能较好。材料订购明细单见表 11-2。

表 11-2　　　　　　　　　　　　材 料 订 购 明 细 单

零件名称	带轮	零件数量	50 件
材料名称	45 钢	材料规格	$\phi 40$
材料数量	3m		

三、工艺编制

　　带轮零件数控加工工艺卡片和刀具卡片见表 11-3、表 11-4。

表 11-3　　　　　　　　　　带轮数控加工工艺卡片

单位名称	×××	产品名称或代号		零件名称		零件图号	
				带轮			
工序号	程序编号	夹具名称		使用设备		车间	
001	×××	三爪卡盘		数控车床		数控中心	
工步号	工步内容	刀具号	刀具规格（mm）	主轴转速（r/min）	进给速度（mm/min）	背吃刀量（mm）	备注
1	车端面	T01	25×25	800	100	1	手动
2	粗车 ϕ 38×0.01 外圆	T01	25×25	800	100	1	自动
3	精车 ϕ 38×0.01 外圆	T01	25×25	1000	60	0.25	自动
4	粗车右端锥面、台阶	T01	25×25	800	100	1	自动
5	精车右端锥面、台阶	T01	25×25	1000	60	0.25	自动
6	加工梯形槽	T02	25×25	500	50	0.25	自动
7	切断工件	T02	25×25	300	20		自动
编制		审核		批准		年 月 日	共 页 第 页

表 11-4　　　　　　　　　　　带轮零件数控加工刀具卡片

产品名称或代号		零件名称	冲孔凸模		零件图号		程序编号	
工步号	刀具号	刀具规格名称		数量	加工表面		刀尖半径（mm）	备注
1	T01	外圆车刀		1	车端面			
2	T01	外圆车刀		1	自右至左粗车外圆			
3	T01	外圆车刀		1	自右至左精车外圆			
4	T01	外圆车刀		1	粗车右端锥面、台阶			
5	T01	外圆车刀		1	精车右端锥面、台阶			
6	T02	切断刀		1	梯形槽			
7	T02	切断刀		1	切断			
编制		审核		批准			共1页	第1页

四、程序设计

编制如图 11-1 所示带轮的加工程序，并填入表 11-5。

表 11-5　　　　　　　　　　　带 轮 加 工 程 序

程　　序	说　　明
O0001;	程序名（程序号）

五、生产准备

1. 材料准备

根据表 11-1 所示材料订购明细单准备材料，本项目零件加工采用 $\phi30$ 的 45 钢棒料。

2. 刀具准备

根据表 11-3 所示刀具卡片准备刀具，本项目用到外圆车刀和切断刀。

3. 量具准备

测量本项目零件需要用到游标卡尺。

六、产品生产

加工过程中，请严格执行生产规范，注意人身安全和设备安全。加工产品的工作流程：

（1）机床上电，执行回参考点操作。按项目一介绍的方法操作。

（2）程序的输入、检查和修改。

（3）装夹工件毛坯，装夹刀具。按前面的方法操作。

（4）对刀及刀具补偿值的输入。切断刀的刀位点为左刀尖，对刀时要使左刀尖分别和已经车削毛坯的端面和外圆对齐。

（5）启动加工。将机床工作方式置于 AUTO 方式，选择要运行的程序，按"循环启动"按钮，启动机床实际切削加工零件。为防止程序出错，损坏机床，在第一次加工时可使用单段功能。

（6）检测零件。

注意：学员初次加工零件，要指导老师确认对刀和程序后，才可启动机床加工零件

任务三　技能强化训练

编程并加工如图 11-4 所示零件。

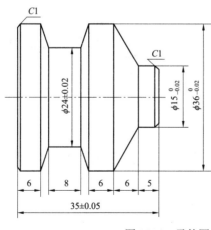

图 11-4　零件图

薄壁套编程与加工

项目导入：

要求加工如图 12-1 所示薄壁套零件，材料为 45 钢，数量为 50 件。

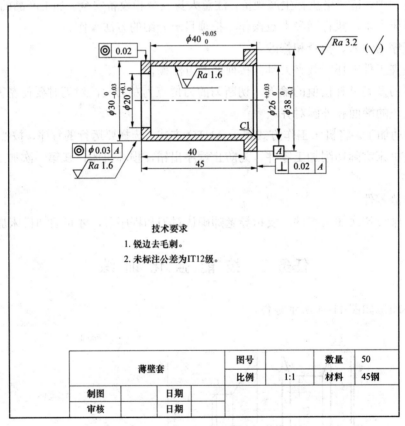

技术要求

1. 锐边去毛刺。
2. 未标注公差为 IT12 级。

薄壁套		图号		数量	50
		比例	1:1	材料	45钢
制图		日期			
审核		日期			

图 12-1　薄壁套

任务一　学习孔加工知识

一、孔加工刀具

见项目一中任务三。

二、孔加工方法

1. 钻孔

钻孔前，先车平零件端面，钻出一个中心孔（用短钻头钻孔时，只要车平端面，不一

132

定要钻出中心孔）。将钻头装在车床尾座套筒内，并把尾座固定在适当位置上，这时开动车床就可以用手动进刀钻孔，如图 12-2 所示。

图 12-2　钻孔的方法

用较长钻头钻孔时，为了防止钻头跳动，把孔钻大或折断钻头，可以在刀架上夹一铜棒或垫铁片，如图 12-3 所示，支住钻头头部（不能用力太大），然后钻孔。当钻头头部进入孔中时，立即退出铜棒。

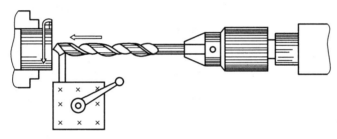

图 12-3　防止钻头跳动的方法

2. 镗孔

镗孔是把已有的孔直径扩大，达到所需的形状和尺寸。

（1）镗孔车刀的几何形状。镗孔车刀可分为通孔镗刀、不通孔镗刀和内孔切槽刀 3 种。

1）通孔镗刀切削部分的几何形状与外圆车刀基本相似。

2）盲孔（不通孔）镗刀是用来车不通孔和台阶、圆弧等形状的。切削部分的几何形状与偏刀基本相似，它的主偏角大于 90′。

3）内槽刀用于切削各种内槽。常见的内槽有退刀用槽、密封用槽、定位用槽。内槽刀的大小、形状要根据孔径和槽形及槽的大小而确定。

（2）镗孔的关键。

1）尽量增加刀杆的截面积（但不能碰到孔壁）。

2）刀杆伸出的长度尽可能缩短。即应根据孔径、孔深来选择刀杆的大小和长度。

3）控制切屑流出方向，通孔用前排屑，盲孔用后排屑。

（3）镗孔的方法。

1）车削孔径要求不高、孔径又小的（例如螺纹孔），可直接用钻头钻削。

2）车削圆柱孔，孔径要求较高或深孔可采用端面深孔加工循环（G74）的车削方法加工，或采用外圆、内圆车削循环（G90）的车削方法加工。

3）车削有圆弧、台阶多、圆锥的内孔，可采用外圆粗车循环（G71）、端面粗车循环（G72）的车削方法加工。

4）车削内槽可采用端面车削循环（G94）或外圆、内圆切槽循环（G75）的车削方法加工。

3. 铰孔

铰孔是对较小和未淬火孔的精加工方法之一，在成批生产中已被广泛采用。铰孔之前，一般先镗孔，镗孔后留些余量，一般粗铰为 0.15～0.3mm，精铰为 0.04～0.15mm，余量大小直接影响铰孔的质量。

在车床上铰孔时，先把铰刀安装在床尾套筒内，并把床尾固定在适当位置，用手动进行铰削。进刀应该很均匀，并加切削液。

三、孔加工方法的选择

在车床中，孔的加工方法与孔的精度要求、孔径以及孔的深度有很大的关系。一般来讲，在精度等级为 IT12、IT13 时，一次钻孔就可以实现。在精度等级为 IT11，孔径≤10mm 时，采用一次钻孔方式；当孔径＞10～30mm 时，采用钻孔和扩孔方式；孔径＞30～80mm 时，采用钻孔、扩钻、扩孔刀或车刀镗孔方式。在精度等级为 IT10、IT9，孔径≤10mm 时，采用钻孔以及铰孔方式；当孔径＞10～30mm 时，采用钻孔、扩孔和铰孔方式；孔径＞30～80mm 时，采用钻孔、扩孔、铰孔或者用扩孔刀镗孔方式。在精度等级为 IT8、IT7，孔径≤10mm 时，采用钻孔及一次或二次铰孔方式；当孔径＞10～30mm 时，采用钻孔、扩孔、一次或二次铰孔方式；当孔径＞30～80mm 时，采用钻孔、扩钻（或者用扩孔刀镗孔）以及一次或二次铰孔方式。

除此之外，孔的加工要求还与孔的位置精度有关。当孔的位置精度要求较高时，可以通过在车床上镗孔实现。在车床上镗孔时，合理安排孔的加工路线比较重要，安排不当就可能把坐标轴的反向间隙带入到加工中，从而直接影响孔的位置精度。

四、车内孔的关键技术

车孔是常用的孔加工方法之一，可用作粗加工，也可用作精加工。车孔精度一般可达 IT7～IT8，表面粗糙度 $Ra1.6～3.2\mu m$。车孔的关键技术是解决内孔车刀的刚性问题和内孔车削过程中的排屑问题。

为了增加车削刚性，防止产生振动，要尽量选择粗的刀杆，装夹时刀杆伸出长度尽可能短，只要略大于孔深即可。刀尖要对准工件中心，刀杆与轴心线平行。精车内孔时，应保持刀刃锋利，否则容易产生让刀，把孔车成锥形。

内孔加工过程中，主要是控制切屑流出方向来解决排屑问题。精车孔时要求切屑流向待加工表面（前排屑），前排屑主要是采用正刃倾角内孔车刀。加工盲孔时，应采用负的刃倾角，使切屑从孔口排出。

五、加工孔的注意事项

（1）内孔车刀的刀尖应尽量与车床主轴的轴线等高。

（2）刀杆的粗细应根据孔径的大小来选择，刀杆粗会碰孔壁，刀杆细则刚性差，刀杆应在不碰孔壁的前提下尽量大些为宜。

（3）刀杆伸出刀架的距离应尽可能短些，以改善刀杆刚性，减少切削过程中可能产生的振动。

（4）精车内孔时，应保持刀刃锋利，否则容易产生让刀，把孔车出锥度。

（5）精车后应检查内孔尺寸是否符合要求，如有误差应修改后重复精车到尺寸。

（6）使用量具要正确，保证尺寸的准确性。

六、孔的精度

套类零件的精度有下列几个项目。

（1）孔的位置精度。同轴度（孔之间或孔与某些表面间的尺寸精度）、平行度、垂直度、径向圆跳动和端面圆跳动等。

（2）孔径和长度的尺寸精度。

（3）孔的形状精度（如圆度、圆柱度、直线度等）。

（4）表面粗糙度

要达到哪一级表面粗糙度，一般按加工图样上的规定。

七、孔的测量

1. 内径千分尺测量

当孔的尺寸小于 25mm 时，可用内径千分尺测量孔径，如图 12-4 所示。

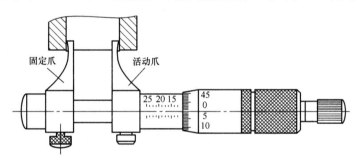

图 12-4　内径千分尺测量孔径

2. 内径百分表测量

采用内径百分表测量零件时，应根据零件内孔直径，用外径千分尺将内径百分表对"零"后，进行测量，测量方法如图 12-5 所示。取测得的最小值为孔的实际尺寸。

3. 塞规测量

塞规由通端、止端和柄部组成，如图 12-6 所示。测量时，当通端可塞进孔内，而止端进不去时，孔径为合格。

八、薄壁类零件的加工特点

薄壁类零件的内、外直径差非常小，由于夹紧力、切削力、切削热、内应力等诸多因素的影响，加工难度比较大。

（1）薄壁类零件承受不了较大的径向夹紧力，用通用夹具装夹比较困难。

（2）薄壁类零件刚性差，在夹紧力的作用下极易产生变形，常态下工件的弹性复原能力会影响工件的尺寸精度和形状精度。如图 12-7（a）所示为夹紧后产生弹性变形；如图

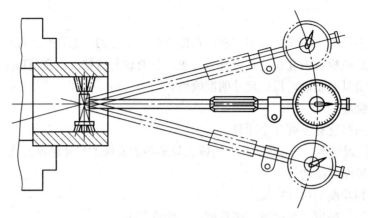

图 12-5　内径百分表测量孔径

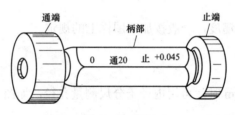

图 12-6　塞规

12-7（b）所示为镗孔加工时正确的圆柱形；如图 12-7（c）所示为取下工件后，由于弹性恢复，内孔变形。

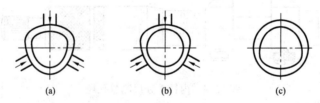

图 12-7　薄壁类的工件变形

（a）夹紧后产生弹性变形；　（b）镗孔加工时正确的圆柱形；　（c）取下工件后，内孔变形

（3）工件的径向尺寸受切削热的影响大，热膨胀变形的规律难以掌握，因而工件尺寸精度不易控制。

（4）由于切削力的影响，容易产生变形和振动，工件的精度和表面粗糙度不易保证。

（5）由于薄壁类零件刚性差，不能采用较大的切削用量，因而生产效率低。

九、薄壁类零件的编程注意事项

（1）增加切削次数。对于薄壁类零件至少要安排粗车、半精车和精车，甚至多道工序。在半精车工序中修正因粗车引起的工件变形，如果还不能消除工件变形，要根据具体变形情况适当再增加切削工序。

（2）工序分析。薄壁类零件应按粗、精加工划分工序，以降低粗加工对变形的影响。对于需要内、外表面均要加工的情况，应首先全部完成内、外表面的粗加工，然后再进行全部表面的半精加工，最后完成所有的精加工。这样虽然增加了走刀路线，降低了加工效率，但保证了加工精度。

（3）加工顺序安排。薄壁类零件的加工要经过内、外表面的粗加工、半精加工和精加工等多道工序，工序间的顺序安排对工件变形量的影响较大，一般应作如下考虑。

1）粗加工优先考虑去除余量较大的部位。因为余量去除大，工件变形量就大。如果工件外圆和内孔需切除的余量相同，则首先进行内孔的粗加工，因为先去除外表面余量时工件刚性降低较大，而在内孔加工时，排屑较困难，使切削热和切削力增加，两方面的因素会使工件变形扩大。

2）精加工时优先加工精度等级低的表面。因为虽然精加工切削余量小，但也会引起被切工件的微小变形。然后再加工精度等级高的表面，精加工可以再次修正被切工件的微小变形量。

十、减少薄壁类零件变形的一般措施

1. 合理确定夹紧力的大小、方向和作用点

（1）粗、精加工采用不同的夹紧力。

（2）正确选择夹紧力的作用点，使夹紧作用于夹具支承点的对应部位或刚性较好的部位，并尽可能靠近工件的加工表面。

（3）改变夹紧力的作用方向，变径向夹紧为轴向夹紧，如图12-8所示。因为薄壁类零件轴向承载能力比径向大。

（4）增大夹紧力的作用面积，将工件小面积上的局部受力变为大面积上的均匀受力，可大大减少工件的夹紧变形，如图12-9所示。

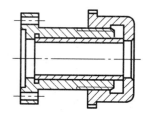

图12-8 轴向夹紧夹具

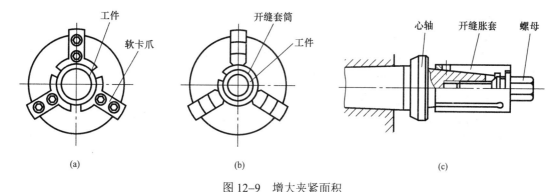

(a)　　　　　　　　　　　(b)　　　　　　　　　　　(c)

图12-9 增大夹紧面积

（a）扇形卡爪；（b）开缝套筒；（c）开缝胀套心轴

2. 尽量减少切削力和切削热

（1）合理选择刀具的几何参数。精车薄壁类零件时，刀柄的刚性要求高，刀具的修光刃不宜过长，刀具刃口要锋利。

（2）合理选择切削用量。切削用量中对切削力影响最大的是背吃刀量，对切削热影响最大的是切削速度。因此车削薄壁类零件时应减小背吃刀量和降低切削速度，以减少切削力和切削热，同时应适当增大进给量。

（3）充分浇注切削液。浇注切削液可以迅速降低切削温度，并减小摩擦系数，减小切削力。

3. 使用辅助支承

使用辅助支承可提高工件的安装刚性，减少工件的夹紧变形。如用支撑块对准卡爪位置，支承于工件内壁，用来承受夹紧力。

4. 增加工艺筋

有些薄壁类零件可在装夹部位铸出工艺加强筋，以减少夹紧变形。

任务二　学习相关编程指令

本项目将要用到的编程指令有：深孔加工多重循环 G74。

一、深孔加工多重循环指令 G74

（1）指令格式：

```
G74 R（e）;
G74 X（u） Z（w） P（Δi） Q（Δk） R（Δd） F S T ;
```

其中，e 为每次沿 Z 方向切削 Δk 后的退刀量；X 为一切削循环终点又方向的绝对坐标值；u 为切削循环终点与循环起点 X 轴方向的差值；Z 为切削循环终点 Z 轴方向的绝对坐标值；w 为切削循环终点与循环起点 Z 轴方向的差值；Δi 为 X 轴方向的每次循环移动量（不带符号），半径值指定，单位为 μm；Δk 为 Z 轴方向的每次循环移动量（不带符号），单位为 μm；Δd 为切削到终点时 X 轴方向的退刀量（半径值）；F 为切削进给速度；S 为主轴转速；T 为刀具号、刀具偏置号。

（2）说明。

1）G74 指令运动轨迹如图 12-10 所示。刀具从循环起点 A 开始，按照指令指定的参数加工，加工完成后快速退回到循环起点，结束粗车循环所有动作。

2）该循环可处理钻削，如果省略 X（u）、P（Δi），结果只在 Z 轴操作，用于钻孔。

3）e 和 Δd 都用地址 R 指定，它们的区别在于有无指定 X（u），如果 X（u）被指定了，则为 Δd，否则为 e。

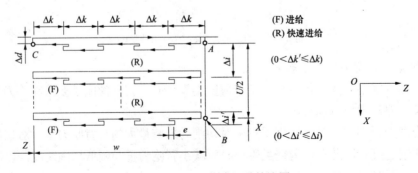

图 12-10　G74 指令运动轨迹图

二、孔加工编程范例一

用 G74 编写如图 12-1 所示零件的右端加工程序。

加工程序 2（零件右端）	程序说明
00002；	程序号
G99 M03 S500 T0202 F0.15；	主轴正转，转速 500r/min，2 号刀及 2 号刀补，进给量为 0.15mm/r
G00 X0 Z6.0 M08；	切削液开，钻头快速到达循环起点
G74 R0.5；	G74 多重循环指令钻孔
G74 Z-65.0 Q5000 F0.15；	
G00 X100.0 Z100.0 M09；	切削液关，钻头快速离开工件
S900 T0101；	主轴转速 900r/min，换 1 号刀及 1 号刀补
G00 X44.0 Z3.0：	1 号刀具快速到达循环起点
G94 X17.0 Z1.0 F0.15；	粗、精车工件右端面
Z0；	
G90 X40.0 Z-23.0 F0.15；	G90 指令粗、精车外圆 $\phi38_{-0.1}^{0}$ mm 至尺寸
X37.95；	
G00 X100.0 Z100.0；	刀具快速离开工件
T0303 S700；	换 3 号刀及 3 号刀补，主轴转速 700r/min
G00 X17.0 Z2.0；	车刀快速靠近工件
G74 R0.5；	G74 多重循环指令粗车 $\phi20_{0}^{+0.1}$ mm 内孔
G74 X19.7 Z-47.0 P1000 Q4000 R0.5 F0.12；	
G00 X18.0：	改变 3 号刀循环起点
G74 R0.5；	G74 多重循环指令粗车 $\phi26_{0}^{+0.3}$ mm 内孔
G74 X25.7 Z-41.0 P1000 Q4000 R0.5 F0.2；	
S800；	精车内孔主轴转速为 800r/min
G00 X28.0 S800；	精车 $\phi20_{0}^{+0.1}$ mm、$\phi26_{0}^{+0.3}$ mm 内孔
G01 Z0 F0.08；	
X26.015 Z-1.0；	
Z-41.025；	
X20.05：	
Z-46.0；	
G00 X18.0：	
Z100.0；	Z 向及 X 向快速退刀
X100.0；	
M30；	程序结束

任务三 项 目 实 施

一、工艺分析

薄壁套类零件孔壁较薄，装夹过程中很容易变形，因此装夹难度较大，一般可采用以外圆定位和内孔定位夹紧的方法来完成，外圆定位时可使用特制的软卡爪装夹，内孔定位时可使用心轴来装夹。该任务即为一薄壁套零件，零件外圆、内孔精度及表面粗糙度要求较高；右端面与 $\phi 26_{0}^{+0.03}$ mm 孔轴线有垂直度要求，加工时应在一次装夹中完成；$\phi 30_{-0.03}^{0}$ mm 外圆既有圆度形位公差要求，又有同轴度要求，又因内孔存在阶台，无法一次装夹工件完成全部加工内容，因此可采取先加工完零件右端面及内孔，再使用心轴装夹完成零件外圆加工的方法。

该零件为回转体、套类零件，数量为 50 件，使用数控车床加工比较合适，根据零件的直径和长度，决定使用 CK6140 型数控车床加工。

二、材料核定

根据客户要求，材料选用 45 钢，该材料的加工性能较好。材料订购明细单见表 12-1。

表 12-1 材 料 订 购 明 细 单

零件名称	薄壁套	零件数量	50 件
材料名称	45 钢	材料规格	$\phi 40$
材料数量	4m		

三、工艺编制

以零件轴线与右端面的交点为编程原点，采用从右到左加工的原则。工艺路线安排如下：

（1）自定心卡盘夹持工件一端约 20mm，车端面（车平即可）。

（2）车外圆至 $\phi 40$ mm，长 23mm。

（3）调头软卡爪夹持 $\phi 40$ mm 外圆，夹持长度 20mm 左右，钻孔 $\phi 18$ mm。

（4）车另一端面至总长 45mm。

（5）车外圆 $\phi 38_{0.01}^{0}$ mm 至尺寸，长 23mm。

（6）分别加工 $\phi 20_{0}^{+0.1}$ mm、$\phi 26_{0}^{+0.03}$ mm 孔、深度 $41_{0}^{+0.05}$ mm 及倒角至尺寸，如图 12-11。

（7）在机床主轴上安装心轴，零件安装到心轴上，以内孔定位轴向螺母夹紧，加工零件 $\phi 30_{-0.03}^{0}$ mm 外圆、长度 40mm 至尺寸要求，如图 12-12 所示。

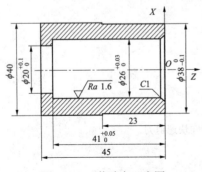

图 12-11 薄壁套工序图

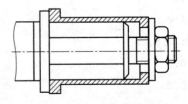

图 12-12 薄壁套工序图

数控加工工艺卡片，见表12-2。

表12-2　　　　　　　　　　　　数 控 加 工 工 艺 卡 片

零件名称	薄壁套		零件图号		工件材质	45例
工序号	程序编号		夹具名称		数控系统	车间
			自定心卡盘		GSK980T	

1	车薄壁套左端						
	工步号	工步内容	刀具号	主轴转速 (r/min)	进给量 (mm/r)	背吃刀量 (mm)	备注
	1	车端面	T01	900	0.15	1	自动
	2	车外圆至 $\phi 40$mm　长23mm	T01	900	0.15	1	自动

2	调头软卡爪夹持 $\phi 40$mm外圆，夹持长度20mm左右，加工零件右端外圆及内孔						
	1	车端面至总长45mm	T01	900	0.15	1	自动
	2	钻孔 $\phi 18$mm	T02	500	0.15		自动
	3	车外圆 $\phi 38_{-0.1}^{0}$mm 至尺寸	T01	900	0.15		自动
	4	粗车 $\phi 20_{0}^{+0.1}$mm、 $\phi 26_{0}^{+0.03}$mm孔，留余量0.3mm	T03	700	0.12	1	自动
	5	精车 $\phi 20_{0}^{+0.1}$mm、 $\phi 26_{0}^{+0.03}$mm孔、深度 $41_{0}^{+0.05}$mm及倒角至尺寸	T03	800	0.08	0.15	自动

3	在心轴上安装工件						
	1	粗车 $\phi 30_{-0.03}^{0}$mm外圆，留余量0.5mm	T01	900	0.2	1.5	自动
	2	精车 $\phi 30_{-0.03}^{0}$mm外圆及长度40mm至尺寸	T01	1000	0.1	0.25	自动

4	修毛刺						手动

编制		审核		批准			

薄壁套零件数控加工刀具卡片见表12-3。

表12-3　　　　　　　　薄壁套零件数控加工刀具卡片

产品名称或代号			零件名称	薄壁套	零件图号		程序编号	
工步号	刀具号	刀具规格名称		数量	加工表面		刀尖半径 (mm)	备注
1	T01	外圆车刀		1	车端面、外表面			
2	T02	钻头		1	钻孔			
3	T03	内孔车刀		1	车内孔			
4	T04	切断刀		1	切断			
编制		审核			批准		共1页	第1页

四、程序设计

编制如图 12-1 所示薄壁套的加工程序，并填入表 12-4。

表 12-4　　　　　　　　　薄壁套加工程序

程　序	说　明
O0001;	程序名（程序号）

五、生产准备

1. 材料准备

根据表 12-1 所示材料订购明细单准备材料，本项目零件加工采用 ϕ30 的 45 钢棒料。

2. 刀具准备

根据表 12-3 所示刀具卡片准备刀具，本项目用到外圆车刀和切断刀。

3. 量具准备

测量本项目零件需要用到游标卡尺。

六、产品生产

加工过程中，请严格执行生产规范，注意人身安全和设备安全。加工产品的工作流程：

（1）机床上电，执行回参考点操作。按项目一介绍的方法操作。

（2）程序的输入、检查和修改。

（3）装夹工件毛坯，装夹刀具。按前面的方法操作。

（4）对刀及刀具补偿值的输入。切断刀的刀位点为左刀尖，对刀时要使左刀尖分别和已经车削毛坯的端面和外圆对齐。

（5）启动加工。将机床工作方式置于 AUTO 方式，选择要运行的程序，按"循环启动"按钮，启动机床实际切削加工零件。为防止程序出错，损坏机床，在第一次加工时可使用单段功能。

（6）检测零件。

注意：学员初次加工零件，要指导老师确认对刀和程序后，才可启动机床加工零件。

任务四　技能强化训练

编程并加工如图 12-13 所示零件。

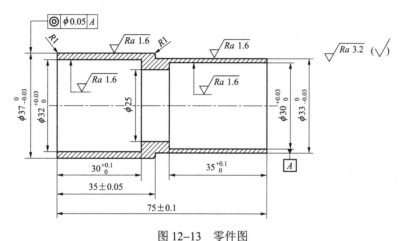

图 12-13　零件图

项 目 十 三
椭 圆 轴 编 程 与 加 工

项目导入：

本项目要求加工如图 13-1 所示椭圆轴，材料为 45 钢，数量为 50 件。

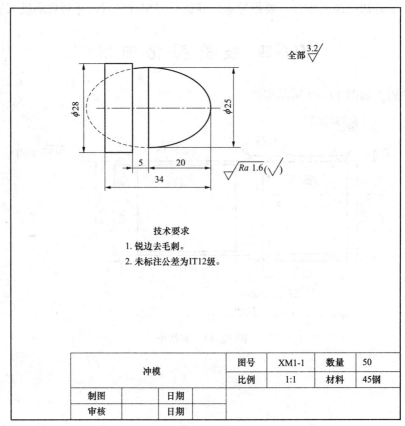

技术要求
1. 锐边去毛刺。
2. 未标注公差为IT12级。

冲模		图号	XM1-1	数量	50
		比例	1:1	材料	45钢
制图		日期			
审核		日期			

图 13-1　椭圆轴

任务一　学习宏程序知识

本项目将要用到宏程序编程。

一、宏程序的概念

用户宏程序是 FANUC 数控系统及类似产品中的特殊编程功能。用户宏程序的实质与子程序相似，它也是把一组实现某种功能的指令，以子程序的形式预先存储在系统存储器

144

中，通过宏程序调用指令执行这一功能。在主程序中，只要编入相应的调用指令就能实现这些功能。

一组以子程序的形式存储并带有变量的程序称为用户宏程序，简称宏程序；调用宏程序的指令称为"用户宏程序指令"或宏程序调用指令（简称宏指令）。

例如，在下述程序流程中，可以这样使用用户宏程序：

```
主程序                    用户宏程序
……                     O9011
G65  P9011  A10  I5 ;     ……
……                     X#1  Y#4;
```

在这个程序的主程序中，用 G65 P9011 调用用户宏程序 O9011，并且对用户宏程序中的变量赋值：#1=10、#4=5（A 代表#1、I 代表#4）。而在用户宏程序中未知量用变量#1 及 #4 来代表。

用户宏程序的最大特征有以下几个方面：

（1）可以在用户宏程序中使用变量；

（2）可以进行变量之间的运算；

（3）可以用用户宏程序指令对变量进行赋值。

使用用户宏程序时的主要方便之处，在于可以用变量代替具体数值，因而在加工同一类的工件时，只需将实际的值赋予变量即可，而不需要对每一个零件都编一个程序。

二、宏程序的种类

FANUC 系统提供两种用户宏程序，即 A 类宏程序和 B 类宏程序。A 类宏程序可以说是 FANUC 系统的标准配置功能，任何配置的 FANUC 系统都具备此功能，B 类宏程序虽然不算是 FANUC 系统的标准配置功能，但是绝大部分的 FANUC 系统也都支持 B 类宏程序。

由于 A 类宏程序需要使用"G65 Hm"格式的宏指令来表达各种数学运算和逻辑关系，不太直观，可读性较差，因而在实际工作中用得较少。FANUC 0TD 系统采用 A 类宏程序，FANUC 0i 系统采用 B 类宏程序。B 类宏程序在生产实际中用得较广泛，本项目将介绍 B 类宏程序的使用。

三、变量及变量的使用方法

如前所述，变量是指可以在宏程序的地址上代替具体数值，在调用宏程序时再用引数进行赋值的符号：#i（i=1，2，3，…）。使用变量可以使宏程序具有通用性。宏程序中可以使用多个变量，以变量号码进行识别。

（1）变量的形式。变量是用符号#后面加上变量号码所构成的，即：

#i　（i=1，2，3，…）

例如：　#5

　　　　#109

　　　　#1005

B 类宏程序也可用"#[表达式]"的形式来表示，如：#[#100]、#[#1001−1]、#[#6/2]。

（2）变量的引用。在地址符后的数值可以用变量置换。

如：若写成 F#33，则当#33=1.5 时，与 F1.5 相同。

Z−#18，当#18=20.0 时，与 Z−20.0 指令相同。

但需要注意，作为地址符的 O、N、/ 等，不能引用变量。

例如：O#27、N#1 等，都是错误的。

（3）未定义变量。当变量值未定义时，这样的变量成为"空变量"。变量#0 总是空变量。

（4）定义变量。当在程序中定义变量值时，整数值的小数点可以省略，例如：

当定义#10=120 时，变量#10 的实际值是 120.000。

四、变量的种类

变量从功能上主要可归纳为两种，即：

（1）系统变量（系统占用部分），用于系统内部运算时各种数据的存储。

（2）用户变量，包括局部变量和公共变量，用户可以单独使用，系统把用户变量作为处理资料的一部分。FANUC 0i 系统的变量类型见表 13−1。

表 13−1 　　　　　　　　　　　　FANUC 0i 系统的变量类型

变量名		类型	功　　能
#0		空变量	该变量总是空，没有值能赋予该变量
用户变量	#1～#33	局部变量	局部变量只能在宏程序中存储数据，例如运算结果。断电时，局部变量清除（初始化为空） 可以在程序中对其赋值
	#100～#199 #500～#999	公共变量	公共变量在不同的宏程序中的意义相同（即公共变量对于主程序和从这些主程序调用的每个宏程序来说是公用的） 断电时，#100～#199 清除（初始化为字），通电时复位到"0" 而#500～#999 数据，即使在断电时也不清除
#1000 以上		系统变量	系统变量用于读和写 CNC 运行时各种数据变化，例如，刀具当前位置和补偿值等

注意局部变量与公共变量的区别：

（1）局部变量（#1～#33）是在宏程序中局部使用的变量。当宏程序 1 调用宏程序 2 而且都有变量#1 时，由于变量#1 服务于不同的局部，所以 1 中的#1 与 2 中的#1 不是同一个变量，因此可以赋予不同的值，且互不影响。

（2）公共变量（#100～#199、#500～#999）贯穿于整个程序过程。同样，当宏程序 1 调用宏程序 2 而且都有变量#100 时，由于#100 是全局变量，所以 1 中的#100 与 2 中的#100 是同一个变量。

五、变量的赋值

赋值是指将一个数据赋予一个变量。例如：#1=0，则表示#1 的值是 0。其中#1 代表变量，"#"是变量符号（注意：根据数控系统的不同，它的表示方法可能有差别），0 就是给变量#1 赋的值。这里的"="是赋值符号，起语句定义作用。

赋值的规律有：

（1）赋值号"="两边内容不能随意互换，左边只能是变量，右边可以是表达式、数值或变量。

（2）一个赋值语句只能给一个变量赋值。

（3）可以多次给一个变量赋值，新变量值将取代原变量值（即最后赋的值生效）。

（4）赋值语句具有运算功能，它的一般形式为：变量=表达式。

在赋值运算中，表达式可以是变量自身与其他数据的运算结果，如：#1=#1+1，则表示#1 的值为#1+1，这一点与数学运算是有所不同的。

（5）赋值表达式的运算顺序与数学运算顺序相同。

（6）辅助功能（M 代码）的变量有最大值限制，例如，将 M30 赋值为 300 显然是不合理的。

六、运算指令

宏程序具有赋值、算术运算、逻辑运算、函数运算等功能。变量之间进行运算的通常表达形式是：#i=（表达式）。

（1）变量的定义和替换。

#i＝#j

（2）加减运算。

#i＝#j+#k　　　　加

#i＝#j #k　　　　减

（3）乘除运算。

#i＝#j*#k　　　　乘

#i＝#j／#k　　　　除

（4）逻辑运算。

#i＝#j OR #k　　　或

#i＝#i XOR #k　　异或

#i＝#j AND #k　　与

（5）函数运算。

#i＝SIN[#j]　　　　正弦函数

#i＝ASIN[#j]　　　反正弦函数

#i＝COS[#j]　　　　余弦函数

#i＝ACOS[#j]　　　反余弦函数

#i＝TAN[#j]　　　　正切函数

#i＝ATAN[#j]　　　反正切函数

#i＝SQRT[#j]　　　平方根

#i＝ABS[#j]　　　　取绝对值

#i＝ROUND[#j]　　　四舍五入整数化

#i＝FIX[#j]　　　　小数点以后舍去

#i＝FUP[#j]　　　　小数点以后进位

#i＝LN[#j]　　　　　自然对数

#i＝EXP[#j]　　　　e^x

（6）运算的组合。以上算术运算和函数运算可以结合在一起使用，运算的先后顺序是：函数运算、乘除运算、加减运算。

（7）括号的应用。表达式中括号的运算将优先进行。连同函数中使用的括号在内，括号在表达式中最多可用 5 层。

七、控制指令

通过控制指令可以控制用户宏程序主体的程序流程，常用的控制指令有以下三种：

$$
\text{转移和循环}
\begin{cases}
\text{IF 语句：条件转移；格式为：IF\dots GOTO\dots 或 IF\dots THEN\dots} \\
\text{GOTO 语句：无条件转移} \\
\text{WHILE 语句：当\dots 时，执行循环}
\end{cases}
$$

（1）条件转移（IF 语句）。IF 之后指定条件表达式。

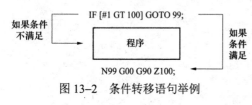

图 13-2　条件转移语句举例

1）IF [<条件表达式>] GOTO n。表示如果指定的条件表达式满足时，则转移（跳转）到标有顺序号 n（即俗称的行号）的程序段。如果不满足指定的条件表达式，则顺序执行下个程序段。如图 13-2 所示，其含义为：如果变量#1 的值大于 100，则转移（跳转）到顺序号为 N99 的程序段。

2）IF　[<条件表达式>]　THEN。如果指定的条件表达式满足时，则执行预先指定的宏程序语句，而且只执行一个宏程序语句。

IF　[#1 EQ #2]　THEN　#3=10;如果#1 和#2 的值相同，10 赋值给#3。

说明：

● 条件表达式必须包括运算符。运算符插在两个变量中间或变量和常量中间，并且用"[ ]"封闭。表达式可以替代变量。

● 运算符由 2 个字母组成（见表 13-2），用于两个值的比较，以决定它们是相等还是一个值小于或大于另一个值。注意，不能使用不等号。

表 13-2　　　　　　　　　　　　　　运　算　符

运　算　符	含　　义	英　文　注　释
EQ	等于（=）	Equal
NE	不等于（≠）	Not Equal
GT	大于（>）	Great Than
GE	大于或等于（≥）	Great than or Equal
LT	小于（<）	Less Than
LE	小于或等于（≤）	Less than or Equal

（2）无条件转移（GOTO 语句）。转移（跳转）到标有顺序号 n（即俗称的行号）的程序段。当指定 1～99999 以外的顺序号时，会触发 P／S 报警 No.128。其格式为：

```
GOTO n；n 为顺序号（1~99999）
```

例如：GOTO 99，即转移至第 99 行。

（3）循环（WHILE 语句）。在 WHILE 后指定一个条件表达式。当指定条件满足时，则执行从 DO 到 END 之间的程序。否则，转到 END 后的程序段。

DO 后面的号是指定程序执行范围的标号，标号值为 1、2、3。如果使用了 1、2、3 以外的值，会触发 P/S 报警 No.126。WHILE 语句的使用方法如图 13-3 所示。

1）嵌套。在 DO～END 循环中的标号（1～3）可根据需要多次使用。但是需要注意的是，无论怎样多次使用，标号永远限制在 1、2、3；此外，当程序有交叉重复循环（DO 范围的重叠）时，会触发 P／S 报警 No.124。以下为关于嵌套的详细说明。

a）标号（1～3）可以根据需要多次使用，如图 13-4 所示。

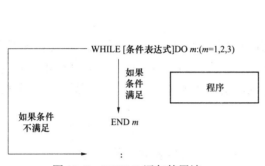

图 13-3 WHILE 语句的用法

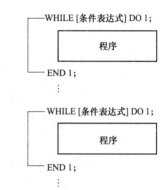

图 13-4 标号（1～3）可以多次使用

b）DO 的范围不能交叉，如图 13-5 所示。

c）DO 循环可以 3 重嵌套，如图 13-6 所示。

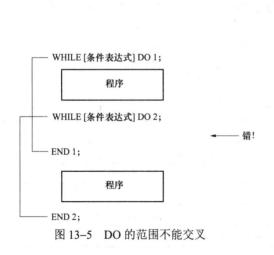

图 13-5 DO 的范围不能交叉

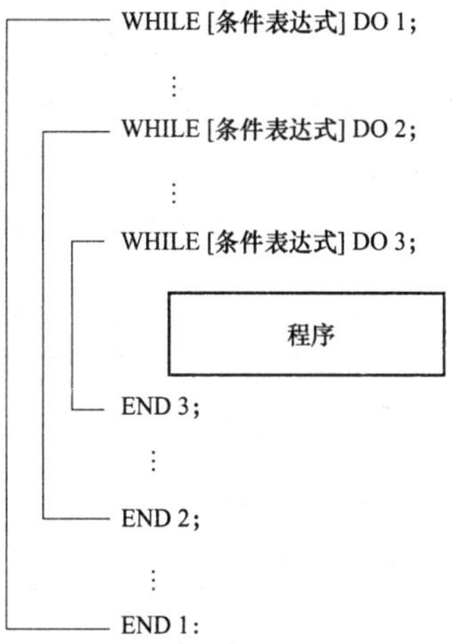

图 13-6 DO 循环可以 3 重嵌套

d）（条件）转移可以跳出循环的外边，如图 13-7 所示。

e）（条件）转移不能进入循环区内，注意与上述 d 对照，如图 13-8 所示。

2）关于循环（WHILE 语句）的其他说明。

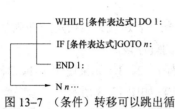

图 13-7 （条件）转移可以跳出循环

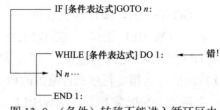

图 13-8 （条件）转移不能进入循环区内

a）DO m 和 END m 必须成对使用。DO m 和 END m 必须成对使用，而且 DO m 一定要在 END m 指令之前。用识别号 m 来识别。

b）无限循环。当指定 DO 而没有指定 WHILE 语句时，将产生从 DO 到 END 之间的无限循环。

c）未定义的变量。在使用 EQ 或 NE 的条件表达式中，值为空和值为零将会有不同的效果。而在其他形式的条件表达式中，空即被当作零。

d）条件转移（IF 语句）和循环（WHILE 语句）的关系。显而易见，从逻辑关系上说，两者不过是从正反两个方面描述同一件事情；从实现的功能上说，两者具有相当程度的相互替代性；从具体的用法和使用的限制上说，条件转移（IF 语句）受到系统的限制相对更少，使用更灵活。

八、宏程序的格式及程序号

（1）宏程序的使用格式。宏程序的编写格式与子程序相同。其格式为：

O___； 宏程序号，O 后面为 4 位数，范围为 0001～8999

N10 …； 指令

……

N___M99；

上述宏程序内容中，除通常使用的编程指令外，还可使用变量、算术运算指令及其他控制指令。变量值在宏程序调用指令中赋值。

（2）选择程序号。程序在存储器中的位置决定了该程序的一些权限，根据程序的重要程度和使用频率，用户可选择合适的程序号，具体见表 13-3。

表 13-3   程 序 编 号 使 用 规 则

程序编号	使 用 规 则
O1～O7999	程序能自由存储、删除和编辑
O8000～O8999	不经设定，该程序就不能进行存储、删除和编辑
O9000～O9019	用于特殊调用的宏程序
O9020～O9899	如果不设定参数，就不能进行存储、删除和编辑
O9900～O9999	用于机器人操作程序

九、调用指令

宏程序调用和一般子程序调用之间有差别。首先，宏程序的调用可以在调用语句中传递数据到宏程序内部，而子程序的调用（M98）则没有这功能。其次，M98 程序段可以与另一数据指令共处同一条指令，如 G01 X100.0 M98 P1000，在执行时，先执行 G01 X100.0，然后再运行子程序 O1000，而宏程序调用语句是独立自成一行。

宏程序的调用方法有单纯调用（G65）、模态调用（G66，G67）、用 G 代码或 M 代码等。

（1）单纯调用（G65）。用指令 G65 可调用地址 P 指令的宏程序，并将赋值的数据送到用户宏程序中，G65 是非模态调用，即只在 G65 程序段调用宏程序。

格式：G65 P__ L__;　　　引数赋值

说明：G65 —— 宏调用代码；

P__ ——P 之后为宏程序主体的程序号码；

L__ —— 循环次数（省略时为 1）；

（引数赋值）——由地址符及数值（有小数点）构成，给宏主体中所对应的变量赋予实际数值；

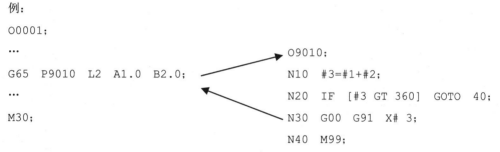

```
例：
O0001;
...
G65  P9010  L2  A1.0  B2.0;
...
M30;
```

```
O9010;
N10   #3=#1+#2;
N20   IF  [#3 GT 360]  GOTO  40;
N30   G00  G91  X# 3;
N40   M99;
```

引数赋值有以下两种形式：

1）引数赋值 I。除去 G、L、N、O、P 地址符以外都可作为引数赋值的地址符，大部分无顺序要求，但对 I、J、K 则必须按字母顺序排列，对没使用的地址可省略。

例：B A D … I K …；正确；

　　B A D … J I …；不正确。

引数赋值 I 的地址和变量号码的对应关系见表 13–4。

表 13–4　　　　　　　　　　引数赋值 I 的地址和变量号码的对应关系

引数赋值 I 的地址	宏主体中的变量	引数赋值 I 的地址	宏主体中的变量
A	#1	Q	#17
B	#2	R	#18
C	#3	S	#19
D	#7	T	#20
E	#8	U	#21
F	#9	V	#22
H	#11	W	#23
I	#4	X	#24
J	#5	Y	#25
K	#6	Z	#26
M	#13		

2）引数赋值Ⅱ。A、B、C只能用一次，I、J、K作为一组引数最多可指定10组。当给三维坐标赋值时使用此种参数。引数赋值Ⅱ的地址和变量号码的对应关系见表13-5。

表13-5   引数赋值Ⅱ的地址和变量号码的对应关系

引数赋值Ⅱ的地址	宏主体中的变量	引数赋值Ⅱ的地址	宏主体中的变量
A	#1	K_5	#18
B	#2	I_6	#19
C	#3	J_6	#20
I_1	#4	K_6	#21
J_1	#5	I_7	#22
K_1	#6	J_7	#23
I_2	#7	K_7	#24
J_2	#8	I_8	#25
K_2	#9	J_8	#26
I_3	#10	K_8	#27
J_3	#11	I_9	#28
K_3	#12	J_9	#29
I_4	#13	K_9	#30
J_4	#14	I_{10}	#31
K_4	#15	J_{10}	#32
I_5	#16	K_{10}	#33
J_5	#17		

注　表中I、J、K的下标在实际程序中是不写的。

在NC内部可自动判别引数赋值Ⅰ、Ⅱ。当对同一变量Ⅰ、Ⅱ两组的引数错误地混在一起赋值时，则认为后面的引数赋值有效。

例：G65 P1000 A1.0 B2.0 I-3.0 I4.0 D5.0;
          ↓   ↓   ↓   ↓   ↓
         #1   #2   #4   #7   #7

在上例中，对变量#7，由I4.0及D5.0这两个引数赋值时，只有后边的D5.0才是有效的。

（2）模态调用（G66）。

格式：G66 P__ L__;   引数赋值

　　　G67;   取消用户宏程序

当指令了模态调用G66后，在用G67取消之前，每执行一段轴移动指令的程序段，就调用一次宏程序。G66程序段或只有辅助功能的程序段不能模态调用宏程序。

例：O00001;   O9100;
    …   …
    N30 G66 P9100 L2 A1.0 B2.0;   N40 G00 Z#1;
    N40 G00 G90 X100.0;   N50 G01 Z-#2 F0.3;

```
N50  Z120. ;              ...
N60  X150. ;              N100  M99;
N70  G67;
    ...
N90  M30;
```

当主程序执行完 N40 后调用宏程序 O9100 两次，执行完 N50 后调用 O9100 两次，执行完 N60 后调用 O9100 两次，直到 G67 停止调用。

（3）G 代码宏调用方法。宏主体除了用 G65、G66 方法调用外，还可以用 G 代码调用。将调用宏程序用的 G 代码号设定在参数上，然后就可以与单纯调用 G65 一样调用宏程序。

格式：G×× <引数赋值>;

为了实现这一方法，需要对宏主体号码与参数号进行设定，见表 13-6。

1）将所使用宏程序号变为 09010～09019 中的任意一个。

2）将与程序号对应的参数设置为 G 代码的数值。

表 13-6　　　　　　　　　　　　　宏主体号码与参数号

宏主体号码	参数号	宏主体号码	参数号
O9010	6050	O9015	6055
O9011	6051	O9016	6056
O9012	6052	O9017	6057
O9013	6053	O9018	6058
O9014	6054	O9019	6059

3）将调用指令的形式换为 G（参数设定值）<引数赋值>。

如将宏主体 O9010 用 G81 调用，其做法如下：

a）将所使用宏程序号设为 O9010。

b）将与 O9010 对应的参数号码（第 6050 号）上的值设定为 81。

c）用 G81 调用宏程序 O9010，如下所示：

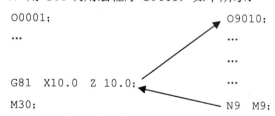

```
O0001;                    O9010;
...                       ...
                          ...
G81  X10.0  Z 10.0;       ...
M30;                      N9  M9;
```

这里 G81 后的 X、Z 分别表示#24、#26 变量（参见表 13-4），而非进给轴地址。除此之外，还可以设定用 M，T 等代码调用用户宏，做法与此类似，在此省略。

十、加工椭圆的思路

图 13-1 所示零件的右端由椭圆构成，用 G01、G02、G03 等直线、圆弧插补常规方法较难处理这部分，拟合的节点计算也相当繁琐复杂，而且表面质量和尺寸要求都很难保证。

最好的方法是用宏程序加工椭圆。

宏程序编程首先得理解曲线方程，明确加工思路。

椭圆方程有

$$\begin{cases} X = X_0 + a\cos\alpha \\ Z = Z_0 + b\sin\alpha \end{cases}$$

或

$$\frac{(X-X_0)^2}{a^2} + \frac{(Z-Z_0)^2}{b^2} = 1$$

用直线段逼近，按 Z 方向进行变化，ΔZ 越小，越接近轮廓，求出每一个点（X、Z）值。

利用 $X = X_0 \pm a\sqrt{1-(Z-Z_0)^2/b^2}$ ，计算变量第 i 点时 X、Z 值。设定计数变量 i、中间运算变量等，如图 13-9 所示。

十一、宏程序编程实例

要求编程并加工类似如图 13-10 所示椭圆类零件。该零件的工艺条件：工件材质为 45 钢，毛坯为直径 $\phi 30mm$，长 100mm 的棒料。

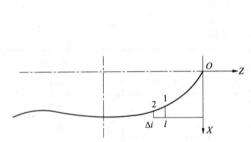

图 13-9　步长为 Δi 时刀具的 X、Z 的值示意图

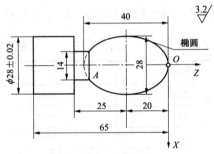

图 13-10　椭圆手柄

1. 工艺分析与工艺设计

（1）图样分析。如图 13-1 所示，零件由圆柱面、椭圆面构成。零件材料为 45 号钢棒。

（2）加工工艺路线设计。加工方案的制定见表 13-7 工序和操作清单。

表 13-7　　　　　　　　工 序 和 操 作 清 单

材料	45 号	零件图号		系统	FANUC	工序号	093
操作序号	工步内容 （走刀路线）	G 功能	T 刀具	切削用量			
				转速 s （r/min）	进给速度 F （mm/min）	切削深度 （mm）	
1	粗车工件外圆柱面等	G90	T0101	700	130	1.5	
2	粗车椭圆右端	宏程序	T0101	700	130	1.0	
3	粗车外沟槽	G01	T0202	1200	130	0.3	
4	粗车椭圆左端	宏程序	T0101	1200	60	0.3	
5	精车工件外轮廓	宏程序	T0101	600			
6	车外沟槽	G01	T0202	500	20		
7	切断	G70 G01	T0202	500	20	0.2	
8	检测、校核						

（3）刀具选择。加工刀具的确定见表 13-8 刀具卡。

表 13-8 刀 具 卡

序号	刀具号	刀具名称及规格	刀尖半径	数量	加工表面	备注
1	T0101	35°右偏粗、精车外圆刀	0.4mm	1	外圆、椭圆面	
2	T0202	切断刀	刀宽 3.2mm	1	椭圆面、沟槽	

2. 程序编制

（1）数值计算。

1）设定程序原点，以工件右端面与轴线的交点为程序原点建立工件坐标系。

2）计算各节点位置坐标值。A 点（X14，Z-37.321），其余略。

（2）编制程序。椭圆手柄编程见表 13-9。

表 13-9 椭 圆 手 柄 编 程

序号	程 序	简 要 说 明
N010	G50 X100 Z50;	建立工件坐标系、换刀点
N020	S800 M3;	主轴正转
N030	T0101;	选择 1 号外圆刀
N040	G0 X30.0 Z2.0;	
N050	G95 G90 X28.5 Z-70 F0.1;	利用外圆切削循环精加工外圆
N060	#1=28;	定义变量#1 为 X，X 是直径值
N070	#2=0;	定义变量#2 为 Z 方向坐标值
N080	WHILE [#1 GE 0] DO 1;	宏程序粗加工椭圆右端
N090	G00 X[#1];	
N100	G95 G1 Z[#2-20] F0.18;	
N110	G0 U1;	
N120	G0 Z2;	
N130	#1=#1-2;	
N140	#2=20/28*SQRT[28*28-#1*#1];	
N150	END 1;	椭圆右端粗加工结束
N160	G0 X100.0 Z50.0 M5 T0100;	返回换刀点
N170	T0202;	换切断刀，切断刀刀宽 3.2，左刀尖
N180	M3 S400;	
N190	G0 X32.0 Z-45.0;	定位到沟槽左侧
N200	G94 X14.0 Z-45.0 F0.1;	利用端面切削循环加工沟槽

序号	程　序	简　要　说　明
N210	X14.0　Z-42.0；	
N220	X14.0　Z-40.521；	
N230	G0　X32.0　Z-40.521；	定位在椭圆左端外面
N240	#1=14.0；	定义变量 X
N250	#2=-17.321；	定义变量 Z
N260	WHILE　[#2 LE 0]　DO 1；	宏程序粗加工椭圆左端
N270	G0　Z[#2-23.2]；	
N280	G1　X[#1]；	
N290	G0　W-1.0；	
N300	G0　X32.0；	
N310	#2=#2+3；	
N320	#1=28/20*SQRT[20*20-#2*#2]；	
N330	END 1；	
N340	G0　X100.0　Z50.0　M5　T0200；	返回换刀点，停主轴
N350	T0101；	换 1 号刀，35° 刀尖
N360	M3　S1000；	
N370	G0　X0　Z3.0；	
N380	G41　G1　X0　Z0；	刀具左补偿
N390	#1=0；	定义变量 X
N400	#2=20.0；	定义变量 Z
N410	WHILE　[#2 GE -17.321]　DO 2；	以下为精车工件外形轮廓
N420	G95　G1　X[#1]　Z[#2-20]　F0.18；	精车椭圆
N430	#2=#2-0.1；	
N440	#1=28/20*SQRT[20*20-#2*#2]；	
N450	END 2；	
N460	G1　X14.0　Z-37.321　F0.18；	精车沟槽
N470	X14.0　Z-45.0；	
N480	X28.0　C1.0；	精车平面、倒角
N490	G40　Z-70.0；	精车结束，取消刀补
N500	G00　X100.0；	刀具返回换刀点
N510	Z50.0 M05 T0100；	

续表

序号	程 序	简 要 说 明
N520	M00;	
N530	M3 S300 T0202;	换切断刀
N540	G0 X32.0 Z−68.2;	
N550	G94 X20.0 Z−68.2 F0.1;	切槽
N560	X26.0 Z−68.2 I−3.0;	倒角
N570	X0.2 Z−68.2;	切断工件
N580	G0 X100.0;	刀具返回换刀点
N590	Z50.0 M5 T0200;	停主轴
N600	M30;	程序结束

任务二 项 目 实 施

一、项目分析

该椭圆轴属于轴类零件,由圆柱面、椭圆面组成,工件长度为 34mm,最大外径为 28mm。零件表面粗糙度要求为 1.6μm。该工件材料为 45 钢,加工性能较好,加工之前不需要进行热处理。

该零件为回转体、轴类零件,数量为 50 件,使用数控车床加工比较合适,根据零件的直径和长度,决定使用 CK6140 型数控车床加工。

二、材料核定

根据客户要求,材料选用 45 钢,该材料的加工性能较好。材料订购明细单见表 13−10。

表 13−10 材 料 订 购 明 细 单

零件名称	椭圆轴	零件数量	50 件
材料名称	45 钢	材料规格	ϕ 30
材料数量	4m		

三、工艺编制

椭圆轴零件数控加工工艺卡片和刀具卡片见表 13−11、表 13−12。

表 13−11 椭 圆 轴 零 件 数 控 加 工 工 艺 卡 片

单位名称	×××	产品名称或代号		零件名称	零件图号
				椭圆轴	
工序号	程序编号	夹具名称		使用设备	车间
001	×××	三爪卡盘		数控车床	数控中心

续表

工步号	工步内容	刀具号	刀具规格 （mm）	主轴转速 （r/min）	进给速度 （mm/min）	背吃刀量 （mm）	备注
1	车端面	T01	25×25	500			手动
2	粗车外轮廓	T01	25×25	500	150	2	自动
3	精车外轮廓	T01	25×25	900	50	0.25	自动
4	切断，长度至34mm	T03	25×25	300	20		自动
编制		审核		批准		年　月　日	共　页　第　页

表 13-12　　　　　　　　　　椭圆轴零件数控加工刀具卡片

产品名称或代号			零件名称		椭圆轴	零件图号		程序编号	
工步号	刀具号	刀具规格名称		数量		加工表面		刀尖半径 （mm）	备注
1	T01	外圆车刀		1		车端面			
2	T01	外圆车刀		1		自右至左粗车外表面			
3	T01	外圆车刀		1		自右至左精车外表面			
4	T02	切断刀		1		切断			
编制			审核			批准		共1页	第1页

四、程序设计

编制如图 13-1 所示的加工程序，并填入表 13-13。

表 13-13　　　　　　　　　　椭　圆　轴　加　工　程　序

程　序	说　明
O0001；	程序名（程序号）

五、生产准备

1. 材料准备

根据表 13-1 所示材料订购明细单准备材料,本项目零件加工采用 $\phi 30$ 的 45 钢棒料。

2. 刀具准备

根据表 13-3 所示刀具卡片准备刀具,本项目用到外圆车刀和切断刀。

3. 量具准备

测量本项目零件需要用到游标卡尺。

六、产品生产

加工过程中,请严格执行生产规范,注意人身安全和设备安全。加工产品的工作流程:

(1)机床上电,执行回参考点操作。按项目一介绍的方法操作。

(2)程序的输入、检查和修改。

(3)装夹工件毛坯,装夹刀具。按前面的方法操作。

(4)对刀及刀具补偿值的输入。切断刀的刀位点为左刀尖,对刀时要使左刀尖分别和已经车削毛坯的端面和外圆对齐。

(5)启动加工

将机床工作方式置于 AUTO 方式,选择要运行的程序,按"循环启动"按钮,启动机床实际切削加工零件。为防止程序出错,损坏机床,在第一次加工时可使用单段功能。

(6)检测零件

注意:学员初次加工零件,要指导老师确认对刀和程序后,才可启动机床加工零件。

任务三 技能强化训练

编程并加工如图 13-11 所示零件。

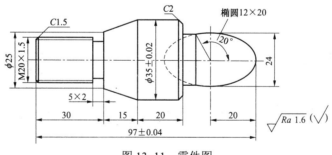

图 13-11 零件图

项目十四
偏心轴编程与加工

项目导入：

要求加工如图 14-1 所示偏心轴，材料为 45 钢，数量为 50 件。

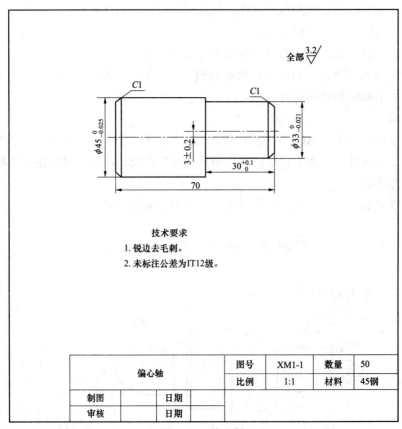

技术要求
1. 锐边去毛刺。
2. 未标注公差为 IT12 级。

偏心轴		图号	XM1-1	数量	50
		比例	1:1	材料	45钢
制图		日期			
审核		日期			

图 14-1　偏心轴

任务一　学习偏心轴加工知识

1. 偏心轴、套的概念

在机械传动中，常采用曲柄滑块（连杆）机构来实现回转运动转变为直线运动或直线运动转变为回转运动，在实际生产中常见的偏心轴、曲柄等就是其具体应用的实例。外圆和外圆的轴线或内孔与外圆的轴线平行但不重合（彼此偏离一定距离）的工件，叫偏心工件。外圆与外圆偏心的工件叫偏心轴，如图 14-2（a）所示；内孔与外圆偏心的工件叫偏心套，如图14-2（b）所示。平行轴线间的距离叫偏心距。

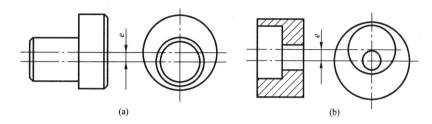

图 14-2　偏心工件

（a）偏心轴；（b）偏心套

2. 用三爪自定心卡盘安装、车削偏心工件

偏心工件可以用三爪自定心卡盘、四爪单动卡盘和两顶尖等夹具安装车削。

本例工件的偏心选用在三爪自定心卡盘上进行车削。其加工方法如图 14-3 所示，在三爪中的任意一个卡爪与工件接触面之间，垫上一块预先选好的垫片，使工件轴线相对车床主轴轴线产生位移，并使位移距离等于工件的偏心距，垫片厚度可按下列公式计算

$$x = 1.5e \pm K \qquad K \approx 1.5\Delta e$$

式中　x ——垫片厚度，mm；

　　　e ——偏心距，mm；

　　　K ——偏心距修正值，正负值可按实测结果确定，mm；

　　　Δe ——试切后；实测偏心距误差，mm。

本例工件的偏心距 e=2.0mm，先暂不考虑修正值，初步计算垫片厚度 x=1.5e=1.5×2=3mm。试切后根据实测的偏心距再计算偏心距修正值。

3. 巧用切槽刀加工外轮廓

加工偏心轮廓时，如果采用外圆车刀进行对接加工时，则根本无法保证两侧的偏心位于同一矢量角位置。因此，本例工件需在一次装夹过程中完成外凸偏心轮廓的加工，加工过程如图 14-4 所示，右端偏心轮廓使用切槽刀的右刀尖进行加工，而左端偏心轮廓则使用切槽刀的左刀尖进行加工。对于偏心轮廓的加工余量，在 FANUC 0i 系统中可采用 G72 指

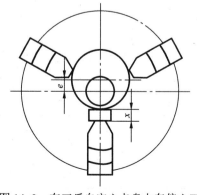

图 14-3　在三爪自定心卡盘上车偏心工件

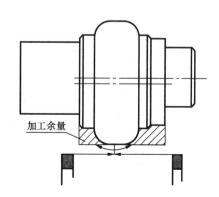

图 14-4　偏心轮廓加工思路

161

令编程去除，去余量过程中的曲线用近似圆弧代替，圆弧半径分别为 $R2.83$ 和 $R12.75$，两圆弧切点相对于椭圆中心的坐标为（2.50，6.00）。

编程过程中注意左右刀尖变换时程序中 Z 向坐标位置与刀具的实际宽度相关。

任务二 项目实施

一、项目分析

该偏心轴属于轴类零件，由圆柱面组成，工件长度为 70mm，最大外径为 45。直径方向精度要求为（-0.021，0）。零件表面粗糙度要求为 3.2μm。该工件材料为 45 钢，加工性能较好，加工之前不需要进行热处理。

该零件为回转体、轴类零件，数量为 50 件，使用数控车床加工比较合适，根据零件的直径和长度，决定使用 CK6140 型数控车床加工。

二、材料核定

根据客户要求，材料选用 45 钢，该材料的加工性能较好。材料订购明细单见表14-1。

表 14-1　　　　　　　　　　材 料 订 购 明 细 单

零件名称	偏心轴	零件数量	50 件
材料名称	45 钢	材料规格	$\phi 48$
材料数量	3m		

三、工艺编制

偏心轴零件数控加工工艺卡片和刀具卡片见表14-2、表14-3。

表 14-2　　　　　　　　　偏心轴零件数控加工工艺卡片

单位名称	×××	产品名称或代号		零件名称	零件图号
				偏心轴	
工序号	程序编号	夹具名称		使用设备	车间
001	×××	三爪卡盘		数控车床	数控中心
工步号	工步内容	刀具号	刀具规格（mm）	主轴转速（r/min）	进给速度（mm/min）	背吃刀量（mm）	备注
1	车端面	T01	25×25	500			手动
2	粗车外轮廓	T01	25×25	500	150	2	自动
3	精车外轮廓	T01	25×25	900	50	0.25	自动
4	切断，长度至70mm	T03	25×25	300	20		自动
编制		审核		批准		年 月 日	共 页　第 页

表 14-3　　　　　　　　　偏心轴零件数控加工刀具卡片

产品名称或代号			零件名称	冲孔凸模	零件图号		程序编号	
工步号	刀具号	刀具规格名称		数量	加工表面		刀尖半径（mm）	备注
1	T01	外圆车刀		1	车端面			
2	T01	外圆车刀		1	自右至左粗车外表面			
3	T01	外圆车刀		1	自右至左精车外表面			
4	T02	切断刀		1	切断			
编制			审核		批准		共 1 页	第 1 页

四、程序设计

1. 学习偏心轴程序设计范例

要求编程并加工如图 14-5 所示偏心轴，该零件，毛坯为 ϕ45mm×82mm，材料为 45 钢。

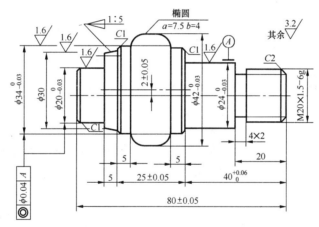

图 14-5　偏心轴范例零件图

（1）工艺分析与工艺设计。

1）图样分析。如图 14-5 所示，零件由圆柱面、椭圆面和槽构成，该零件为偏心轴。尺寸精度和表面粗糙度要求较高。

2）加工工艺路线设计。

a）粗加工外轮廓。

b）精加工外轮廓。

c）切槽。

d）车螺纹。

3）刀具选择。T01 外圆车刀；T02 外切槽车刀（刀宽 3mm）；T03 外螺纹车刀。

（2）程序编制。下面只编写椭圆部分的程序，其他部分程序请读者自行编写。

```
O0071;
    G99  G21  G40;                                   程序开始部分
    T0202;
    M03  S600;
    G00  X100.0  Z100.0  M08;                        刀具定位时注意偏心
    X48.0  Z-8.0;
    G72  W1.5  R0.5;                                 左刀尖加工右侧余量
    G72  P100  Q200  U0.1  W0.5  F0.1;
N100  G00  Z-27.5  S1200  F0.05;                     精加工轮廓描述，程序段中的 F 和 S 为
                                                     精加工时的 F 和 S 值

    G01  X42.0;
    G02  X39.0  Z-21.5  R12.75;
    G02  X34.0  Z-20.0  R2.83;
    G01  Z-16.0;
    X32.0  Z-15.0;
    X30.0;
    X29.0  Z-10.0;
N200  Z-8.0;
    G00  Z-45.0;                                     切槽刀的刀宽为 3mm
    G72  W1.5  R0.5;                                 右刀尖加工左侧余量
    G72  P300  Q400  U0.1  W0.5  F0.1;
N300  G00  Z-30.5  S1200  F0.05;                     精加工轮廓描述刀具右刀尖加工，
                                                     每一个 Z 坐标均减 3.0

    G01  X42.0;
    G02  X39.0  Z-36.5  R12.75;
    G02  X34.0  Z-38.0  R2.83;
    G01  Z-42.0;
    X32.0  Z-43.0;
N400  Z-45.0;
    G00  Z-27.5;                                     换左刀尖精加工
     #100=90.0;                                      椭圆起点处极角
N450  #101=4.0*SIN[#100];                            公式中的 X 坐标值
     #102=7.5*COS[#100];                             公式中的 Z 坐标值
     #103=#101*2+34.0;                               工件坐标系中的 X 坐标值
     #104=#102-27.5;                                 工件坐标系中的 Z 坐标值
     G01  X#103  Z#104;                              加工曲面轮廓
     #100=#100-1.0;                                  角度增量为-1.0°
```

```
        IF  [#100 GE 0]  GOTO  450;              条件判断
        G01  Z-16.0;                             精加工右侧外圆轮廓
        X32.0  Z-15.0;
        X30.0;
        X29.0  Z-10.0;
        G00  X48.0;                              退刀换左刀尖加工
        Z-30.5;
        #100＝90.0;                              椭圆起点处极角
N550    #101＝4.0*SIN[#100];                     公式中的 x 坐标值
        #102＝7.5*COS[#100];                     公式中的 z 坐标值
        #103＝#101*2+34.0;                       工件坐标系中的 x 坐标值
        #104＝#102-30.5;                         工件坐标系中的 z 坐标值
        G01  X#103  Z#104;                       加工曲面轮廓
        #100＝#100+1.0;                          角度增量为 1.0º
        IF  [#100 GE 180.0]  GOTO  550;          条件判断
        G01  Z-42.0;
        X32.0  Z-43.0;                           精加工左侧外圆轮廓
        G00  X48.0;                              程序结束部分
        X100.0  Z100.0;
        M05  M09;
        M30;
```

2. 编制程序

编制如图 14-1 所示偏心轴的加工程序，并填入表 14-4。

表 14-4   偏 心 轴 加 工 程 序

程　　　序	说　　　明
O0001;	程序名（程序号）

程　序	说　明

五、生产准备

1. 材料准备

根据表 14-1 所示材料订购明细单准备材料，本项目零件加工采用 ϕ30 的 45 钢棒料。

2. 刀具准备

根据表 14-3 所示刀具卡片准备刀具，本项目用到外圆车刀和切断刀。

3. 量具准备

测量本项目零件需要用到游标卡尺。

六、产品生产

加工过程中，请严格执行生产规范，注意人身安全和设备安全。加工产品的工作流程：

（1）机床上电，执行回参考点操作。按项目一介绍的方法操作。

（2）程序的输入、检查和修改。

（3）装夹工件毛坯，装夹刀具。按前面的方法操作。

（4）对刀及刀具补偿值的输入。切断刀的刀位点为左刀尖，对刀时要使左刀尖分别和已经车削毛坯的端面和外圆对齐。

（5）启动加工。将机床工作方式置于 AUTO 方式，选择要运行的程序，按"循环启动"按钮，启动机床实际切削加工零件。为防止程序出错，损坏机床，在第一次加工时可使用单段功能。

（6）检测零件。

注意：学员初次加工零件，要指导老师确认对刀和程序后，才可启动机床加工零件。

任务三　技能强化训练

编程并加工如图 14-6 所示零件。

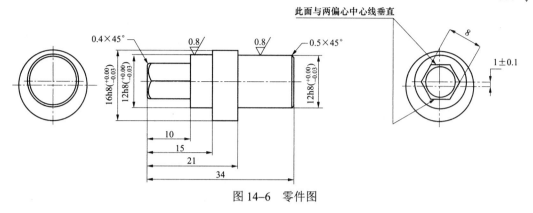

其余 $\sqrt{\dfrac{3.2}{}}$

此面与两偏心中心线垂直

图 14-6 零件图

任务四 技能拓展：修正零件尺寸的方法

在数控车床上加工零件，如果发现加工的工件不符合图样要求，当工件还存在余量时，可通过修改程序、刀具起点或刀具补偿来修正工件尺寸。在加工过程中，如果发现程序有错漏，应立即停止加工，对程序进行修正，下面以 FANUC 系统数控车床为例介绍这些操作技巧。

1. 工件加工后尺寸不符合图样要求的修改方法（有余量的）

（1）修改程序的方法（单件使用）。各个位置尺寸差值不相同的，在程序里修改（即各个位置的尺寸实际大多少，在程序里的尺寸直接减去多少即可）。如图 14-7 所示，X21 实际车出来是 X21.13，X16 实际车出来是 X16.08，X12 实际车出来是 X12.06，因此，要把编程的尺寸减去实际的尺寸，即 21-0.13=20.87mm，16-0.08=15.92mm，12-0.06=11.94mm，在程序里把 21 改成 20.87，16 改成 15.92，12 改成 11.94 即可。

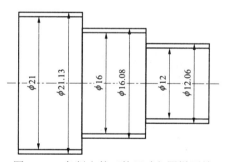

图 14-7 车削出的工件尺寸与图样不符

原程序：

```
O1101;
N10 G50 X80 Z80;
N20 M03 S600 T0100;
N30 G00 X23 Z2;
N40 G71 U1.5 R0.5;
N50 G71 P60 Q110 U0.3 W0 F50;
N60 G00 X12;
N70 G01 Z-10 F50;
```

```
N80  G01  X16；

N90  Z-20；

N100  X21；

N110  Z-30；

N120  G70  P60  Q110；
```

图样编程尺寸分别为：X21、X16、X12

实际加工出来的尺寸分别为：X21.13、X16.08、X12.06

程序里的尺寸应分别改为：X20.87、X15.92、X11.94

修改程序的步骤：

1）当加工到 N120 时（即已执行了 G70），按单段运行，测量工件。

2）计算修改后的尺寸

修改后的尺寸=原程序尺寸+（图样尺寸—实际加工出来的尺寸）

如 20.87=21+（21-21.13）。

3）修改尺寸后的程序：

```
O1101；

N10  G50  X80  Z80；

N20  M03  S600  T0100；

N30  G00  X23  Z2；

N40  G71  U1.5  R0.5；

N50  G71  P60  Q110  U0.3  W0  F50；

N60  G00  X11.94；

N70  G01  Z-10  F50；

N80  G01  X15.92；

N90  Z-20；

N100  X20.87；

N110  Z-30；

N120  G70  P60  Q110；
```

4）将光标移到 N120 处，按"自动"，按"循环启动"。

5）重复以上的方法修改，直到符合尺寸要求。

（2）修改刀具起点（G50）位置的方法（见图 14-8）。各个位置尺寸差值相同时才能使用此方法。即基准刀回到加工原点（程序起点）后，在录入方式或单步方式下，移动实际差值（大则移近工件方向，小则移离工件方向），再在录入方式中重新设置 G50 位置即可。

例如，X 方向各个位置都大 0.08mm。

1）修改方法一。

a）在 MDI 方式（见图 14-9）中输入"G01 U-0.08 F30"，然后循环启动，刀具走到修改后的刀具起点位置。

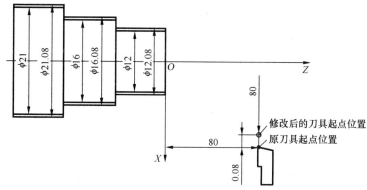

图 14-8　修改刀具起点（G50）位置的方法

b）再在 MDI 方式（见图 14-10）中输入"G50 X80"，然后循环启动。

程序		O2000	N0100
（程序段值）		（模态值）	
G01　X		F　30	
Z		G01　M	
U−0.08		G97　S	
W		T	
R		G96	
F30		G99	
M		G21	
S			
T			
P			
Q		SACT	0000
地址：		S0000	T0100

程序		O2000	N0100
（程序段值）		（模态值）	
G50　X 80		F　100	
Z		G01　M	
U		G97　S	
W		T	
R		G96	
F		G99	
M		G21	
S			
T			
P			
Q		SACT	0000
地址：		S0000	T0100

图 14-9　在 MDI 方式中输入"G01 U−0.08 F30"　　　图 14-10　在 MDI 方式中输入"G50 X80"

c）重复精加工一次即可达到尺寸要求。

2）修改方法二。

a）在手动单步方式下，将刀具向−X 方向移动 0.08mm，X 的尺寸原为 X80，现变为 X79.92，比原来的尺寸少了 0.08mm。

b）再在 MDI 方式（见图 14-10）中输入"G50 X80"，然后循环启动。

c）重复精加工一次即可达到尺寸要求。

（3）修改刀补的方法。各把刀位置尺寸全部大小相同时，在刀补（000）页面增大或减少实际差值即可。例如，基准刀 T0100，X 方向所有尺寸都大 0.05mm；非基准刀 T0202（切断刀），X 方向小 0.10mm，Z 方向长 0.13mm，修改刀补的方法是：

1）刀补翻页到 000 页面（见图 14-11），把光标移动到基准刀刀号 001 位置，输入 U−0.05。

2）再把光标移动到非基准刀刀号 002 位置（见图 14-12），输入 U0.10，W0.13。

3）然后换回基准刀，使用基准刀时，基准刀要加上刀补；使用非基准刀时，换回基准刀后，再换非基准刀使用即可。

偏置				O0001 N0001
序号	X	Z	R	T
000	0.000	0.000	0.000	0
001	−0.050	0.000	10.000	1
002	−5.620	1.200	1.000	1
003	0.000	0.000	0.000	3
004	0.000	0.000	0.000	5
005	0.000	0.000	0.000	0
006	0.000	0.000	0.000	2
007	0.000	0.000	0.000	6
008	0.000	0.000	0.000	0
现在位置（相对坐标）				
U	−0.050		W	0.000
序号	001=		S0000	T0200

图 14-11　刀具补偿（000）页面

偏置				O0001 N0001
序号	X	Z	R	T
000	0.000	0.000	0.000	0
001	−0.050	0.000	10.000	1
002	−5.620	1.200	1.000	1
003	0.000	0.000	0.000	3
004	0.000	0.000	0.000	5
005	0.000	0.000	0.000	0
006	0.000	0.000	0.000	2
007	0.000	0.000	0.000	6
008	0.000	0.000	0.000	0
现在位置（相对坐标）				
U	0.100		W	0.130
序号	002=		S0000	T0200

图 14-12　在非基准刀刀号 002 位置输入修改数据

2. 切削过程中发现错漏的修改操作方法

（1）切削过程中发现下面程序段有错漏时的修改。先按单段停，暂停后按"编辑方式→程序"，把光标移到错漏的地方进行修改。修改完毕，如是单一固定循环或插补方法加工的，把光标移回到原光标停的程序段，按自动方式，再按循环启动键自动切削加工；如果是复合型循环加工到一半的，把光标移回到原切削前的 G00 定位的程序段，把刀具回到加工原点的定位位置，再按自动方式、循环启动键，继续切削加工。如不需要单段停，再按一下单段停键取消即可。

（2）切削过程中发现切削当前程序段有错漏时的修改。应立即按暂停键，按手动方式，把刀具移回到原 G00 定位点。选择"编辑"方式，再按"程序"键，修改错漏的尺寸，修改完毕，把光标移动回到原切削前的 G00 定位的程序段，再选择"自动"方式，按"循环启动"键，继续切削加工。

3. 数控车削工件尺寸精度降低的原因分析

数控车削加工过程中工件尺寸精度降低的原因是多方面的，常见原因见表 14-5。

表 14-5　　　　　　　　　　数控车削尺寸精度降低原因分析

影响原因	序号	产 生 原 因
装夹与校正	1	工件校正不正确
	2	工件装夹不牢固，加工过程中产生松动与振动

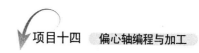

续表

影响原因	序号	产 生 原 因
刀具	3	对刀不正确
	4	刀具在使用过程中产生磨损
	5	刀具刚性差，刀具加工过程中产生振动
加工	6	切削深度过大，导致刀具发生弹性变形
	7	刀具长度补偿参数设置不正确
	8	精加工余量选择过大或过小
	9	切削用量选择不当，导致切削力、切削热过大，从而产生热变形和内应力
工艺系统	10	机床原理误差
	11	机床几何误差，如导轨磨损、丝杠配合有间隙等
	12	工件定位不正确或夹具与定位元件制造误差

项 目 十 五

配合件编程与加工

项目导入：

要求加工如图 15-1 所示配合件，材料为 45 钢，数量为 50 件。如图 15-2 所示为配合件装配图。

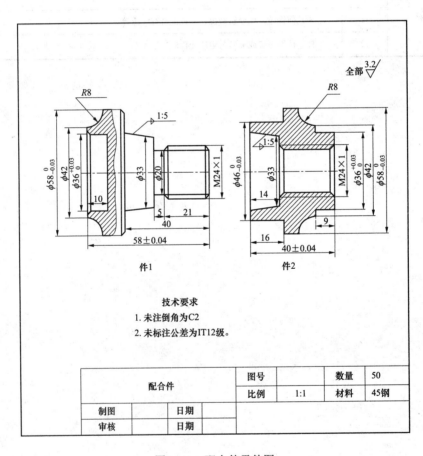

件1　　　　　　件2

技术要求

1. 未注倒角为C2
2. 未标注公差为IT12级。

配合件		图号		数量	50
		比例	1:1	材料	45钢
制图	日期				
审核	日期				

图 15-1　配合件零件图

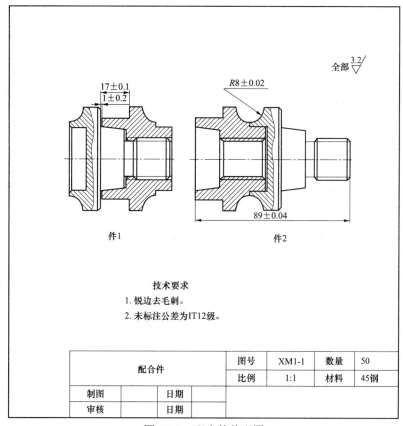

图 15-2 配合件装配图

任务一 学习加工配合件工艺方法

车削配合件是切削加工知识的综合运用。车削配合件的关键技术是加工工艺方案的编制、基准零件的选择及切削过程中的配车和配研。合理安排配合件的加工顺序和加工工艺，能保证配合件的加工精度和装配精度，而配合件的装配精度与各零件的加工精度关系密切，其中基准零件加工精度对配合精度的影响尤为突出。因此，在制订配合件的加工工艺方案和进行组合加工时，应注意以下要点。

（1）应认真分析配合件的装配关系，确定基准零件（即直接影响配合件装配后各零件相互位置精度的主要零件）。

（2）加工配合件时，应先车削基准零件，然后根据装配关系的顺序，依次车削配合件中的其余零件。

（3）车削基准零件时应注意以下几点。

1）影响配合件配合精度的尺寸，应尽量加工至两极限尺寸的中间值，且加工误差应控制在图样允许误差的 1/2；各表面的几何形状误差和表面间的相互位置误差应尽可能小。

2）有锥体配合的配合件，车削时车刀刀尖应与锥体轴线等高，避免产生圆锥素线的直线度误差。

3）有偏心配合时，偏心部分的偏心量应一致，加工误差应控制在图样允许误差的 1/2，且偏心部分的轴线应平行于零件轴线。

4）有螺纹时，螺纹应车制成形，一般不允许使用板牙、丝锥加工，以防工件位移而影响工件的同轴度。螺纹中径尺寸，对于外螺纹应控制在最小极限尺寸范围，对于内螺纹则应控制在最大极限尺寸范围，使配合间隙尽量大些。

5）配合件各表面的锐边应倒钝，毛刺应清除。

（4）根据各零件的技术要求和结构特点，以配合件装配的技术要求，分别拟订各零件的加工方法，各主要表面的加工次数（粗、半精、精加工的选择）和加工顺序。通常应先加工基准表面，后加工零件上的其他表面。

（5）配合件中其余零件的车削，一方面应按基准零件车削时的要求进行，另一方面也应按已加工的基准零件及其他零件的实测结果相应调整，充分使用配车、配研、配合加工等手段以保证配合件的装配精度要求。

任务二 项 目 实 施

一、项目分析

该配合件属于轴类零件，直径方向精度要求为（0，+0.03）和（−0.03，0），长度方向精度要求为（−0.04，−0.04）。零件表面粗糙度要求为 3.2μm。该工件材料为 45 钢，加工性能较好，加工之前不需要进行热处理。

组合精度分析：工件组合后，难保证的尺寸精度主要有槽宽尺寸（17±0.10）mm、间隙尺寸（1±0.20）mm、长度尺寸（89～0.04）mm、圆弧尺寸（8±0.02）mm。难保证的形位精度有平行度 0.04。其他难保证的组合精度有接触面积大于 60%、圆柱面配合及螺纹配合松紧适中。

该零件为回转体、轴类零件，数量为 50 件，使用数控车床加工比较合适，根据零件的直径和长度，决定使用 CK6140 型数控车床加工。

二、材料核定

根据客户要求，材料选用 45 钢，该材料的加工性能较好。材料订购明细单见表 15−1。

表 15−1　　　　　　　　　　材 料 订 购 明 细 单

零件名称	配合件	零件数量	50 件
材料名称	45 钢	材料规格	ϕ 60
材料数量	8m		

三、工艺编制

1. 加工方法分析

本件加工的难点在于保证各项配合精度。为此，在加工过程中应注意以下几点。

（1）在加工前，要明确件 1 与件 2 各端面的加工次序。在确定加工次序时，要考虑各单件的加工精度、组合件的配合精度及工件加工过程中的装夹与校正等各方面因素。

（2）配合件的各项配合精度要求主要受工件形位精度和尺寸精度影响。因此，在数控加工中，工件在夹具中的定位与精确找正显得尤为重要。

（3）对于保证圆锥面的配合要求，内外圆锥面在精加工过程中应采用刀尖圆弧半径补偿进行编程和加下。

2. 确定装夹方式

工件的定位及装夹均采用三爪自定心卡盘。件 1 掉头加工另一端时，还可采用一夹一顶的装夹方式。

工件装夹时的夹紧力要适中，既要防止工件的变形与夹伤，又要防止工件在加工过程中产生松动。工件装夹过程中，应对工件进行找正，以保证工件轴线与主轴轴线同轴。

3. 制定加工方案及加工路线

（1）制订加工方案与加工路线。件 1 与件 2 均采用两次装夹后完成粗、精加工的加下方案，先加工工件其中一端的内、外形，完成粗、精加工后，掉头加工另一端。

（2）进行数控车削加工时，加工的起始点定在离工件毛坯 2mm 的位置。应尽可能采用沿轴向切削的方式进行加工，以提高加工过程中工件与刀具的刚性。

4. 刀具的选择（见表 15-2）

表 15-2　　　　　　　　　　　　数 控 刀 具 卡

数控车间		数控刀具卡						
		零件名称		两件套组合件				
设备名称	数控车床	设备型号		CL-15		程序号		
基本材料	45 钢	硬度		工序名称		车	工序号	
序号	刀号	刀具名称	刀具图号	刀 具 参 数				加工部位
				刀片	刀尖半径（mm）	刀杆规格（mm）		
1	T0101	93°偏头外圆仿形车刀		DNMG150604	0.4	20×20		粗、精车外圆柱面、端面
2	T0202	ϕ20mm 钻头				ϕ20		钻孔
3	T0303	机夹切断刀		JQ3		20×20		切槽、切断
4	T0404	外螺纹车刀		16ERAG60		20×20		外螺纹
5	T0505	95°内孔车刀		CCGT060204	0.2	ϕ16		粗、精车内孔
6	T0606	内螺纹车刀		11NRAG60		ϕ16		内螺纹

以上车刀均选用机夹式可换刀片，刀具的刀片材料均选用硬质合金。

（1）轴转速（n）。硬质合金刀具材料切削钢件时，切削速度 v 取 80～220m/min，根据公式 $n=1000v/(\pi D)$ 及加工经验，并根据实际情况，确定加工过程中的主轴转速。但应注意，在内孔加工、切槽加工及螺纹加工过程中，切削速度 v 应取较小值。

（2）进给速度（F）。粗加工时，为提高生产效率，在保证工件质量的前提下，可选择较高的进给速度，一般取 100~300mm/min。当进行切槽、切断、车孔加工或采用高速钢刀具进行加工时，应选用较低的进给速度，一般在 50~150mm/min 选取。精加工的进给速度一般取粗加工进给速度的 1/2。

（3）背吃刀量（a_p）。背吃刀量根据机床与刀具的刚性及加工精度确定，粗加工的背吃刀量一般取 2~5mm（直径量），精加工的背吃刀量等于精加工余量，精加工余量一般取 0.2~0.5mm（直径量）。

5. 数控加工工序卡（见表 15-3、表 15-4）

表 15-3　　　　　　　　　　数控加工工序卡（件 1）

单位名称	××学校		零件名称 夹具名称		件 1	
车间	数控车间		设备型号		三爪自定信卡盘	
设备名称	数控车床		工序号		CL-15	
程序编号						

工步号	工步内容	刀具号	刀柄规格 （mm）	主轴转速 （r/min）	进给速度 （mm/r）	背吃刀量 （mm）	备注
1	车端面	T0101	20×20	1000	0.1	0.3	
2	手动钻孔	T0202	ϕ20	500			
3	粗车左侧外轮廓	T0101	20×20	800	0.15	1.5	
4	精车左侧外轮廓 $\phi58^{0}_{-0.03}$、ϕ42 至尺寸要求	T0101	20×20	1200	0.08	0.5	
5	粗车左侧内轮廓	T0505	ϕ16	700	0.12	1	
6	精车左侧内轮廓 ϕ36 至尺寸要求	T0505	ϕ16	1000	0.06	0.3	
7	掉头装夹校正，手动车端面，保证总长，采用一夹一顶的装夹方式装夹工件	T0505	20×20	1000	0.1		
8	粗车右侧外轮廓	T0101	20×20	800	0.15	1.5	
9	精车右侧外轮廓，采用刀尖圆弧半径补偿，以保证锥面的尺寸精度	T0101	20×20	1200	0.08	0.5	
10	车螺纹退刀槽	T0101	20×20	500	0.1		
11	车右端外螺纹，用止、通规检查螺纹精度	T0303	20×20	600	0.1		
12	拆卸工件，并对工件去毛倒棱	T0404	20×20				

表 15-4　　　　　　　　　　　　数控加工工序卡（件 2）

单位名称	××学校	零件名称 夹具名称	件 2
车间	数控车间	设备型号	三爪自定信卡盘
设备名称	数控车床	工序号	CL-15
程序编号			

工步号	工步内容	刀具号	刀柄规格（mm）	主轴转速（r/min）	进给速度（mm/r）	背吃刀量（mm）	备注
1	车端面	T0101	20×20	1000	0.1	0.3	
2	手动钻孔	T0202	ϕ20	500			
3	粗车左侧外轮廓	T0101	20×20	800	0.15	1.5	
4	精车左侧外轮廓 $\phi46_{-0.03}^{0}$、$\phi58_{-0.03}^{0}$ 至尺寸要求	T0101	20×20	1200	0.08	0.5	
5	粗车左侧内轮廓	T0505	ϕ16	600	0.1	1	
6	精车左侧内轮廓 至尺寸要求	T0505	ϕ16	1000	0.05	0.3	
7	车内螺纹，与件 1 外螺纹配合	T0606	ϕ16	500	0.1		
8	车内锥，用件 1 与工件 2 试配并修正件 2 内锥面	T0505	ϕ16	900	0.06		
9	掉头装夹，手动车端曲，保证总长，百分表校正	T0101	20×20	1000	0.1		
10	粗右侧外轮廓	T0101	20×20	800	0.15	1.5	
11	精车右侧外轮廓，用件 1 与件 2 试配并修正件 2	T0101	20×20	1400	0.08	0.5	
12	拆卸工件，并对工件去毛倒棱						

四、程序设计

1. 学习配合件程序设计范例

本项目要求加工如图 15-3 所示配合件，材料为 45 钢，件 1 毛坯为 ϕ50×100，件 2 毛坯为：ϕ50×50，编程并加工该配合件。

（1）加工工艺路线。

1）粗、精加工加工件 1 左端外形。

2）车 5×ϕ38 两槽。

3）用 G71 粗加工工件 1 左端内形，用 G70 精加工工件 1 左端内形。

4）调头校正，手工车端面，保证总长 95，钻中心孔，顶上顶尖。

5）用 G71 粗加工工件 1 右端外形，用 G70 精加工工件 1 右端外形。

6）车 4×ϕ24 槽。

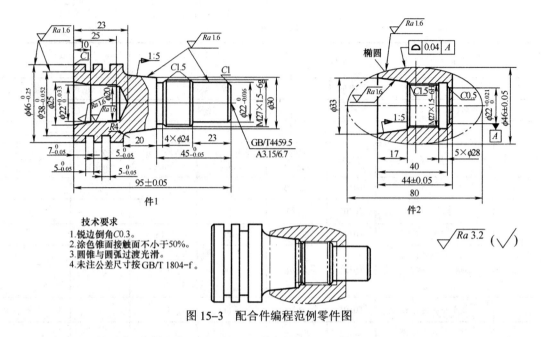

技术要求
1. 锐边倒角C0.3。
2. 涂色锥面接触面不小于50%。
3. 圆锥与圆弧过渡光滑。
4. 未注公差尺寸按GB/T 1804-f。

图15-3　配合件编程范例零件图

7）用 G76 螺纹复合循环加工 M27×1.5 外螺纹。

8）用 G71 粗加工工件 2 内形，用 G70 精加工工件 2 内形。

9）车 5×ϕ28 内槽。

10）用 G76 螺纹复合循环加工 M27×1.5 内螺纹。

11）将件 2 旋入件 1，粗、精加工件 2 外形。

（2）刀具的选择。

1 号刀：93° 菱形外圆车刀；2 号刀：60° 外螺纹刀；3 号刀：外切槽刀（4mm）；

4 号刀：内孔镗刀；5 号刀：60° 内螺纹刀；6 号刀：内切槽刀（2.5mm）。

（3）切削参数的选择。各工序刀具的切削参数见表 15-5。

表 15-5　　　　　　　　　　各工序刀具的切削参数

序号	加工面	刀具号	刀具类型	主轴转速 n（r/min）	进给速度 v_f（mm/min）
1	车外型	T1	93° 菱形外圆车刀	粗 800，精 1500	粗 150，精 80
2	车外螺纹	T2	60° 螺纹刀	1000	1.5
3	车外槽	T3	外切槽刀	600	25
4	镗内孔	T4	内孔镗刀	粗 800，精 1200	粗 100，精 80
5	车内螺纹	T5	60° 内螺纹刀	1000	1.5
6	车内槽	T6	内切槽刀	600	25

（4）编写程序。使用 FANUC 0i 系统编程。

1）件 1 左端加工程序。

O0001;　　　　　　　　　　　　　　　　　主程序号

N5　G98;　　　　　　　　　　　　　　　每分进给

N10	M3	S800	T0101；	转速 800r／min，换 1 号 93° 菱形外圆车刀

N10　M3　S800　T0101；　转速 800r／min，换 1 号 93° 菱形外圆车刀
N15　G0　X46.5　Z3；　快进
N20　G1　Z-35　F150；　粗车外径
N25　G0　X100　750；　退刀
N30　M5；　主轴停转
N35　M0；　程序暂停
N40　S1500　M3　F80　T0101；　精车转速 1500r／min，进给速度 80mm/min
N45　G0　X51　Z2；　快速进刀
N50　G1　X44　Z0；
N55　X46　Z-1；　倒角
N60　Z-35；　精车外径
N65　G0　X100　Z50；　退刀
N70　M5；　主轴停转
N75　M0；　程序暂停
N80　T0303　S600　M3　F25；　换车槽刀
N85　G0　X50　Z-22；　到车槽起点
N90　G1　X38.2；　车槽
N95　G0　X50；　退刀
N100　Z-21；　进刀
N105　G1　X38；　车槽
N110　Z-22；　精车槽底
N115　G0　X50；　退刀
N120　Z-12；　进刀
N125　G1　X38.2；　车槽
N130　G0　X50；　退刀
N135　Z-11；　进刀
N140　G1　X38；　车槽
N145　Z-12；　精车槽底
N150　G0　X100；　退刀
N155　Z50；　退刀
N160　M5；　主轴停转
N165　M0；　程序暂停
N170　M3　S800　T0404；　转速 800r／min，换 4 号内孔镗刀
N175　G0　X19.5　Z5；　快进到内径粗车循环起刀点
N180　G71　U1　R0.5；　内径粗车循环，U：每次背吃刀量单边 1mm，R：退刀量单边 0.5mm
N185　G71　P190　Q210　U-0.5　W0.1　F150；　粗加工固定循环，U：精加工余量双边 0.5mm，

	W：精加工余量 0.1mm，F：粗车进给速度 150mm/ min
N190 G1 X25；	快进到内径粗车循环起点
N195 Z0；	
N200 X22.016 Z-10；	
N205 Z-25；	
N210 X20；	
N215 G0 Z100；	
N220 X100；	
N225 M5；	主轴停转
N230 M0；	程序暂停
N235 M3 S1200 T0404 F80；	精车转速 1200r/min，进给速度 80mm/min
N240 G0 G41 X28 Z5；	快速进刀，引入半径补偿
N245 G70 P190 Q210；	P190：精加工第一程序段号，Q210：精加工最后程序段号
N250 G0 Z100；	
N255 G40 X100；	退刀，撤销半径补偿
N260 M5；	主轴停转
N265 M30；	程序停止

2）件 1 右端加工程序。

O0002；	主程序名
N5 G98；	分进给
N10 M3 S800 T0101；	转速 800r / min，换 93° 菱形外圆车刀
N15 X51 Z2；	快进到外径粗车循环起刀点
N20 G71 U1.5 R1；	外径粗车循环，U：每次背吃刀量单边 1.5mm，R：退刀量单边 1mm
N25 G71 P30 Q80 U0.5 W0.1 F150；	P30：粗加工第一程序段号，Q80：粗加工最后程序段号，U：精加工余量双边 0.5mm，W：精加工余量 0.1mm，F：粗车进给速度 150mm/min
N30 G1 X20；	进到外径循环起点
N35 Z0；	
N40 X21.992 Z-1；	倒角
N45 Z-23；	
N50 X23；	
N55 X26.8 Z-24.5；	倒角
N60 Z-45；	
N65 X30；	

N70　X33.28　Z-61.398;	
N75　G2　X41.24　Z-65　R4;	
N80　G1　X50;	N30~N80 外径循环轮廓程序
N85　G0　X150;	退刀
N90　Z10;	退刀
N95　M5;	主轴停转
N100　M0;	程序暂停
N105　M3　S1500　T0101　F80;	精车转速 1500r / min，进给速度 80mm / min
N110　G0　G42　X51　Z2;	进刀
N115　G70　P30　Q80;	P30：精加工第一程序段号，Q80：精加工最后程序段号
N120　G0　G40　X150　Z10;	退刀，撤销半径补偿
N125　M5;	主轴停转
N130　M0;	程序暂停
N135　T0303　S600　M3　F25;	转速 600r/min，进给速度 25mm/min，换车槽刀
N140　G0　Z-45;	
N145　X32;	进到车槽起点
N150　G1　X24;	车槽
N155　X27;	退刀
N160　Z43.5;	进到倒角起点
N165　G1　X24　Z-45;	倒角
N170　G0　X150;	退刀
N175　Z10;	退刀
N180　M5;	主轴停转
N185　M0;	程序暂停
N190　T0202　S1000　M3;	转速 1000r/min 换 2 号 60° 外螺纹刀
N195　G0　X29　Z-18;	进到外螺纹复合循环起刀点
N200　G76　P10160　Q80　R0.1;	外螺纹复合循环，P10160：1 精加工次数 1 次，01：螺纹尾部斜向倒角量 0.1 个导程，60：刀尖角 60°，Q：螺纹最小背吃刀量 0.08mm，R：精加工余量 0.1mm
N205　G76　X25.14　Z-42　R0　P930　Q350　F1.5;	X：有效螺纹终点 X 坐标，Z：有效螺纹终点 Z 坐标，R：螺纹半径差，P：螺纹牙高度单边 0.93mm，Q：第一次切削深度单边 0.35mm，F：螺纹导程 1.5mm

N210 G0 X100 Z50;	退刀
N215 M5;	主轴停转
N220 M30;	程序停止

3）件2加工程序。

O0001	主程序名
N5 G98;	分进给
N10 T0404 S800 M3;	转速 800r/min，换 4 号内孔镗刀
N15 G0 X19.5 Z5;	快进到内径粗车循环起刀点
N20 G71 U1 R0.25;	内径粗车循环，U：每次背吃刀量单边 1mm，
	R：退刀量单边 0.25mm
N25 G71 P30 Q70 U-0.5 W0.1 F150;	
	P30：粗加工第一程序段号，Q70：粗加工最后程
	序号，U：精加工余量双边 0.5mm，W：精加工余
	量 0.1mm，F：粗车进给速度 150mm/min
N30 G1 X33;	快进到内径粗车循环起刀点
N35 Z0;	
N40 X29.6 Z-17;	
N45 X28.5;	
N50 X25.5 Z-18.5;	倒角
N55 Z-40;	
N60 X22.01;	
N65 Z-45;	
N70 X20;	N30~N70 内径循环轮廓程序
N75 G0 Z100;	退刀
N80 X100;	退刀
N85 M5;	主轴停转
N90 M0;	程序暂停
N95 M3 S1200 T0404 F80;	精车转速 1200r/min，进给速度 80mm/min
N100 G0 G41 X35 Z5;	快进，引入半径补偿
N105 G70 P30 Q70;	P30：精加工第一程序段号，Q70：精加工最后程序段号
N110 G0 Z100;	
N115 G40 X100;	退刀，撤销半径补偿
N120 M5;	主轴停转
N125 M0;	程序暂停
N130 S600 M3 T0606 F25;	转速 600r/min，进给速度 25mm/min，换 6 号
	内车槽刀
N135 G0 X21;	快进

N140　Z−40；	快进
N145　G1　X28；	车内槽
N150　X25；	退刀
N155　Z−37.5；	进刀
N160　X28；	车内槽
N165　X25；	退刀
N170　G0　Z100；	退刀
N175　G0　X100；	退刀
N180　M5；	主轴停转
N185　M0；	程序暂停
N190　M3　S1000　T0505；	转速 1000r/min，换 5 号 60° 内螺纹刀
N195　G0　X24　Z5；	进到内螺纹复合循环起刀点
N200　G76　P10160　Q80　R0.1；	内螺纹复合循环，P10160：1 精加工：次数 1 次，01：螺纹尾部斜向倒角量 0.1 个导程，60：刀尖角 60°，Q：螺纹最小背吃刀量 0.08mm，R：精加工余量 0.1mm
N205　G76　X27.05　Z−35.5　R0　P930　Q350　F1.5；	X：有效螺纹终点 X 坐标，Z：有效螺纹终点 Z 坐标，R：螺纹半径差，P：螺纹牙高度单边 0.93mm，Q：第一次背吃刀量单边 0.35mm，F：螺纹导程 1.5mm
N210　G0　Z100；	
N215　X100；	退刀
N220　M5；	主轴停转
N225　M30；	程序停止
O00002；	主程序名
N5　S800　M3　T0101　F150；	转速 800r/min，换 1 号 93° 菱形外圆车刀
N10　G0　X51　Z2；	
N15　#150=11；	设置最大切削余量 11mm
N20　IF　[#150 LT 1]　GOTO　40；	毛坯余量小于 1，则跳转到 N40 程序段
N25　M98　P0003；	调用椭圆子程序
N30　#150＝#150−2；	每次切深双边 2mm
N35　GOTO　20；	跳转到 N20 程序段
N40　G0　X51　Z2；	退刀
N45　S1500　F80；	精车转速 1500r/rain，进给速度 80mm/min
N50　#150=0；	设置毛坯余量为 0
N55　M98　P0003；	调用椭圆子程序

N60 G0 X100 Z50;	退刀
N65 M5;	主轴停转
M70 M30;	程序停止
O0003;	椭圆子程序
N5 #101=40;	长半轴
N10 #102=23;	短半轴
N15 #103=22;	z轴起始尺寸
N20 IF [#103 LT −22] GOTO 50;	判断是否走到Z轴终点，是则跳到N50程序段
N25 #104=SQRT[#101*#101−#103* #103];	
N30 #105=23*#104 / 40;	X轴变量
N35 G1 X[2*#105+#150] Z[#103−22];	椭圆插补
N40 #103=#103−0.5;	Z轴步距，每次0.5mm
N45 GOTO 20;	跳转到N20程序段
N50 G0 U20 Z2;	退刀
N55 M99;	子程序结束

2. 编制程序

编制如图15−1所示配合件的加工程序，并填入表15−6。

表 15−6   配 合 件 加 工 程 序

程　序	说　明
O0001;	程序名（程序号）

程　序	说　明

五、生产准备

1. 材料准备

根据表 15-1 所示材料订购明细单准备材料，本项目零件加工采用 ϕ30 的 45 钢棒料。

2. 刀具准备

根据表 15-3 所示刀具卡片准备刀具，本项目用到外圆车刀和切断刀。

3. 量具准备

测量本项目零件需要用到游标卡尺。

六、产品生产

加工过程中，请严格执行生产规范，注意人身安全和设备安全。加工产品的工作流程：

（1）机床上电，执行回参考点操作。按项目一介绍的方法操作。

（2）程序的输入、检查和修改。

（3）装夹工件毛坯，装夹刀具。按前面的方法操作。

（4）对刀及刀具补偿值的输入。切断刀的刀位点为左刀尖，对刀时要使左刀尖分别和已经车削毛坯的端面和外圆对齐。

（5）启动加工。将机床工作方式置于 AUTO 方式，选择要运行的程序，按"循环启动"按钮，启动机床实际切削加工零件。为防止程序出错，损坏机床，在第一次加工时可使用单段功能。

（6）检测零件。

注意：学员初次加工零件，要指导老师确认对刀和程序后，才可启动机床加工零件。

任务三　技能强化训练

完成图 15-4 所示两零件，装配效果如图 15-5 所示，尺寸符合要求，内外螺纹配合，外圆弧配合良好，接触面积大于 60%。

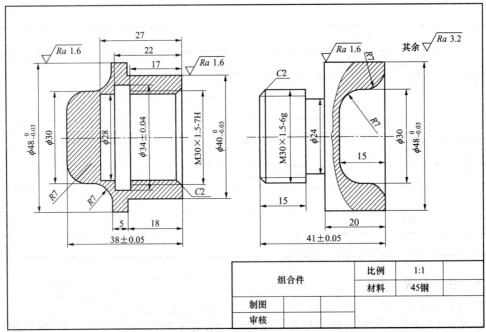

图 15-4　零件图

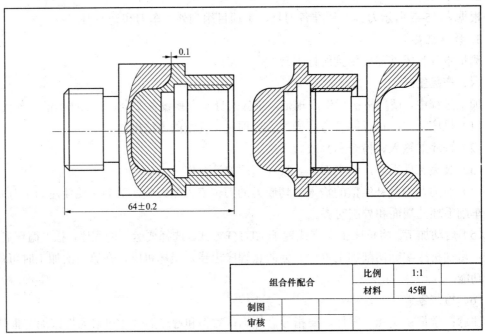

图 15-5　装配图

项目十六

数控车工职业技能综合训练

任务一 中级职业技能综合训练一

零件如图 16-1 所示，毛坯为 $\phi 44mm \times 110mm$ 的 45 钢，试编写其数控车加工程序并进行加工。

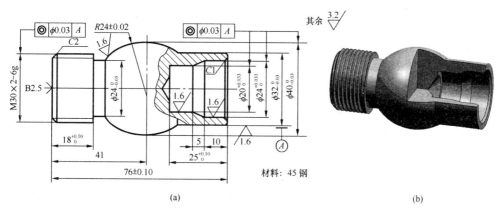

图 16-1 中级职业技能综合训练一零件图

（a）零件图；（b）实体图

中级职业技能综合训练一评分表见表 16-1。为使叙述简练，后面的综合训练实例中将把评分表省略。

表 16-1 　　　　　　　　　　中级职业技能综合训练一评分表

工件编号				总得分			
项目与分配		序号	技术要求	配分	评分标准	检测记录	得分
工件加工评分（80%）	外形轮廓	1	$\phi 32_{-0.03}^{0}$	5	超差 0.01 扣 2 分		
		2	$\phi 40_{-0.03}^{0}$	5	超差 0.01 扣 2 分		
		3	$\phi 24_{-0.05}^{0}$	4	超差 0.01 扣 2 分		
		4	76 ± 0.10	4	超差 0.02 扣 1 分		
		5	$18_{0}^{+0.10}$	4	超差 0.02 扣 1 分		
		6	$R24 \pm 0.02$	5	超差 0.01 扣 2 分		
		7	M30×2—6g	5	超差全扣		

项目与分配		序号	技术要求	配分	评分标准	检测记录	得分
工件加工评分（80%）	外形轮廓	8	同轴度 ϕ 0.03	3×2	超差 0.01 扣 1 分		
		9	$Ra1.6\mu m$	3	每错一处扣 1 分		
		10	$Ra3.2\mu m$	4	每错一处扣 1 分		
	内轮廓	11	$\phi 20^{+0.033}_{0}$ 1.6μm	5/1	超差 0.01 扣 2 分		
		12	$25^{+0.10}_{0}$	4	超差 0.02 扣 1 分		
		13	$\phi 24^{+0.033}_{0}$ 1.6μm	5/1	超差 0.01 扣 2 分		
		14	$Ra3.2\mu m$	3	每错一处扣 1 分		
		15	同轴度 ϕ 0.03	3×2	超差 0.01 扣 1 分		
	其他	16	一般尺寸及倒角	6	每错一处扣 1 分		
		17	按时完成无缺陷	4	酌扣 4～20 分		
程序与工艺（10%）		18	程序正确合理	5	不合理每处扣 2 分		
		19	加工工序卡	5	不合理每处扣 2 分		
机床操作（10%）		20	机床操作规范	5	出错一次扣 2 分		
		21	工件、刀具装夹	5	出错一次扣 2 分		
安全文明生产（倒扣分）		22	安全操作	倒扣	酌扣 5～30 分		

一、工艺分析与工艺设计

1. 图样分析

图 16-1 所示零件图由圆弧面、圆柱面、外螺纹和内孔组成，零件的尺寸精度要求和同轴度要求都较高。

2. 加工工艺路线设计

（1）手工钻 ϕ 18mm 底孔，预切除内孔余量。

（2）粗、精车右端内孔，到达图纸各项要求，粗加工时留 0.2～0.5mm 精加工余量。

（3）切槽加工。

（4）粗、精车右端外圆表面（包括圆弧轮廓），达到图纸要求，加工时最好用顶尖顶住内孔，以提高刚性。

（5）调头手动车削端面，钻中心孔，装夹，找正夹紧。

（6）粗、精车左端螺纹表面外圆轮廓，粗加工时留 0.2～0.5mm 精加工余量。

（7）螺纹粗、精加工达图纸要求。

（8）去毛倒刺，检测工件各项尺寸要求。

二、程序编制

选择完成后工件的左右端面回转中心作为编程原点，选择的刀具为：T01 外圆车刀；T02 外切槽刀（刀宽 3mm）；T03 外螺纹车刀；T04 内孔车刀。编制程序如下：

　程序　　　　　　　　　　　　　　　　　　程序说明

O0001;　　　　　　　　　　　　　　　　　　加工右端外轮廓程序

G99　G21　G40;

T0404;　　　　　　　　　　　　　　　　　　程序开始部分换 4 号内孔车刀

M03　S600;

G00　X100.0　Z100.0　M08;

　　X16.0　Z2.0;

G71　U1.0　R0.5;　　　　　　　　　　　　毛坯切削循环加工右端内轮廓

G71　P100　Q200　U−0.3　W0　F0.1;

N100　G00　X26.0　S1200　F0.05;　　　　N100～N200 为右端内轮廓描述

　　G01　Z0;

　　X24.0　Z−1.0;

　　Z−10.0;

　　X20.0　Z−15.0;

　　Z−25.0;

N200　X16.0;

G70　P100　Q200;　　　　　　　　　　　精加工右端内轮廓

G00　X100.0　Z100.0;

T0202　S600;　　　　　　　　　　　　　　换外切槽车刀

G00　X42.0　Z−55.89;　　　　　　　　　刀具定位

G75　R0.5;　　　　　　　　　　　　　　　加工外圆槽

G75　X24.0　Z−58.0　P2000　Q2000　F0.1;

G00　X100.0　Z100.0;

T0101　S800;　　　　　　　　　　　　　　换 1 号外圆车刀

G00　X42.0　Z2.0;　　　　　　　　　　　刀具定位

G73　U8.0　W0　R6;　　　　　　　　　　　用固定循环加工右端外轮廓

G73　P300　Q400　U0.5　W0　F0.1;

N300　G00　X30.0　Z0.0　S1500　F0.05;　　N300～N400 为右端外轮廓描述

　　　G01　X32.0　Z−1.0;

　　　　　Z−20.34;

　　　G03　X24.0　Z−52.89　R24.0;

N400　G01　X42.0;

G70　P300　Q400;　　　　　　　　　　　精加工右端外轮廓

G00　X100.0　Z100.0;

M05　M09;

M30;　　　　　　　　　　　　　　　　　　程序结束

O0002;　　　　　　　　　　　　　　　　　　加工左端外轮廓程序

```
G99  G21  G40;                              程序开始部分

T0101;

M03  S800;

G00  X100.0  Z100.0  M08;

     X42.0  Z2.0;                           刀具快速定位

G71  U1.0  R0.5;                            毛坯切削循环粗加工左端外轮廓

G71  P300  Q400  U0.5  W0.0  F0.1;

N300  G00  X25.8  S1500  F0.05;             N300～N400 为左端精加工外轮廓描述

     G01  Z0;

     X29.8  Z-2.0;

     Z-20.01;

N400  X42.0;

G70  P300  Q400;                            精加工左端外轮廓

G00  X100.0  Z100.0;

T0303  S600;                                换 3 号外螺纹车刀

G00  X32.0  Z2.0;                           刀具定位

G76  P020560  Q50  R0.05;                   加工外螺纹

G76  X27.4  Z-20.0  P1300  Q400  F2.0;

G00  X100.0  Z100.0;

M05  M09;

M30;                                        程序结束
```

三、上机床调试程序并加工零件

四、修正尺寸并检测零件

任务二　中级职业技能综合训练二

如图 16-2 所示工件，毛坯为 ϕ50mm×122mm 的 45 钢，试编写其数控车加工程序并进行加工。

一、工艺分析与工艺设计

1. 图样分析

如图 16-2 所示零件由圆柱面、圆弧面、锥面和内孔、内螺纹、内槽组成，零件的尺寸精度要求和同轴要求都较高，加工难点在于凹形的外圆弧面和内螺纹。

2. 加工工艺路线设计

（1）手动钻 ϕ20mm 底孔，预切除内孔余量。

（2）粗、精车右端内孔。

（3）切内槽。

（4）车内螺纹。

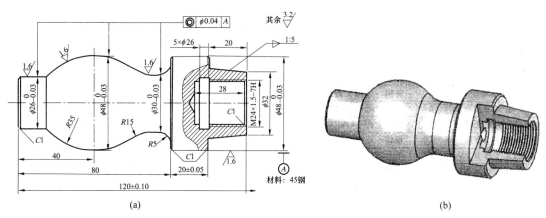

图 16-2　中级职业技能综合训练二零件图

（a）零件图；（b）实体图

（5）粗、精车右端锥面、外圆表面。

（6）调头手动车削端面，达到长度尺寸要求，钻中心孔，装夹，找正夹紧。

（7）粗、精车左端表面外圆轮廓，粗加工时留 0.2～0.5mm 精加工余量。

（8）去毛倒刺，检测工件各项尺寸要求。

3. 刀具选择

（1）选择加工内凹轮廓的刀具。加工内凹轮廓时，应特别注意刀具副偏角的选择，以防刀具后刀面与工件已加工表面发生干涉。加工本例工件时，当加工至如图 16-3 所示切点 A 处时，刀具所需的副偏角达到最大值为 35°，为此，刀具的副偏角需大于 35°。因此，加工本例工件时，选择的刀具如图 16-4 所示，其机夹刀片为 35° 菱形刀片，安装后其副偏角为 52°。

（2）选择刀具种类。外圆刀、内孔镗刀、内切槽刀、内螺纹刀、切断刀、钻头

二、程序编制

用 FANUC 0i 系统编程

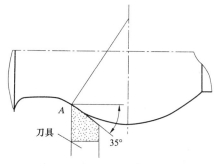

图 16-3　切点处刀具所需副偏角

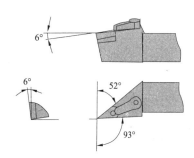

图 16-4　选择的内凹轮廓加工刀具

程序	程序说明
O0051;	加工右端外轮廓
G99　G21　G40;	程序开始部分
T0101;	
M03　S800;	
G00　X100.0　Z100.0　M08;	
X52.0　Z2.0;	
G71　U1.5　R0.5;	毛坯切削循环加工右端外轮廓
G71　P100　Q200　U.05　W0.0　F0.2;	
N100　G00　X32.0　S1500　F0.05;	精加工轮廓描述，程序段中的 *F* 和 *S* 为精加工时的 *F* 和 *S* 值
G01　Z0;	
X36.0　Z-20.0;	
X46.0;	
X48.0　Z-21.0;	
Z-50.0;	
N200　G01　X52.0;	
G70　P100　Q200;	精加工右端外轮廓
G00　X100.0　Z100.0;	换内孔车刀
T0202　S600;	
G00　X22.5　Z2.0;	内孔车刀定位
G01　Z-28.0　F0.1;	直接加工内孔
X20.0;	
G00　Z2.0;	
G00　X100.0　Z100.0;	换内切槽刀
T0303　S600;	
G00　X20.0　Z2.0;	刀具定位时应注意进刀路线
Z-23.0;	内切槽加工
G75　R0.5;	
G75　X26.0　Z-25.0　P1500　Q1000　F0.1;	
G00　Z2.0;	注意退刀路线
G00　X100.0　Z100.0;	退刀后换内螺纹车刀
T0404　S600;	
G00　X21.0　Z2.0;	刀具定位
G76　P020560　Q50　R-0.05;	加工内螺纹，注意精加工余量为负值
G76　X24.0　Z-22.0　P975　Q400　F1.5;	
G00　X100.0　Z100.0;	程序结束部分

192

```
M05  M09;

M30;
```

```
O0052;                                          加工左端外轮廓

G99  G21  G40;

T0101;                                          程序开始部分，注意换刀位置是否与尾座干涉

M03  S800;

G00  X100.0  Z20.0  M08;

X52.0  Z2.0;                                     刀具快速定位
                                                仿形车切削循环粗加工左端外轮廓
G73  U12.0  W0  R10;

G73  P100  Q200  U0.5  W0.0  F0.1;

N100  G00  X24.0  S1500  F0.05;                  精加工轮廓描述，精加工轮廓的第一个程序段可在
                                                X 轴和 Z 轴上同时进刀

G01  Z0;

X26.0  Z-1.0;

Z-14.52;

G03  X35.40  Z-60.03  R35.0;

G02  X30.0  Z-68.62  R15.0;

G01  Z-75.0;

G02  X40.0  Z-80.0  R5.0;

G01  X46.0;

X48.0  Z-81.0;

N200  X52.0;

G70  P100  Q200;                                精加工左端外轮廓

G00  X100.0  Z20.0;                             程序结束部分，退刀时注意顶尖位置

M05  M09;

M03;
```

三、上机床调试程序并加工零件

四、修正尺寸并检测零件

任务三　中级职业技能综合训练三

零件如图 16-5 所示，毛坯直径 ϕ55，毛坯长度 150mm，材料为 45 号中碳钢。未标注处倒角为 1×45°，Ra1.6μm，棱边倒钝 0.5×45°。在数控车床上编程并加工该零件。

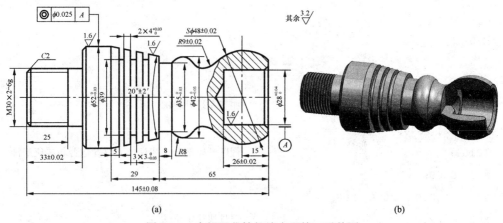

图 16-5　中级职业技能综合训练三零件图

（a）零件图；（b）实体图

一、工艺分析与工艺设计

1. 图样分析

图 16-5 所示零件图由圆弧面、圆柱面、外螺纹、槽和内孔组成，零件的尺寸精度要求和同轴度要求都较高。

2. 加工工艺路线设计

经过分析，确定工件轴心线为定位基准。先将毛坯表面车一刀，夹已加工表面，伸出 124mm。具体工艺路线如下。

（1）用外圆刀粗车、精车右端外轮廓。

（2）切槽。

（3）手工钻 ϕ25mm 底孔。

（4）用镗孔刀镗右端内孔。

（5）零件调头，用铜皮包住工件，找正后夹紧。用刀尖角 75° 的外圆车刀粗车、精车左端外轮廓。

（6）车螺纹。

3. 刀具选择

1 号刀：外圆粗车刀；2 号刀：外圆精车刀；3 号刀：切槽刀；4 号刀：外螺纹刀。

用图表示各刀具、确定对刀点，刀具如图 16-6 所示。镗孔时 1 号刀换为镗孔刀。工件调头后，1 号刀换为刀尖角 75° 的外圆车刀。

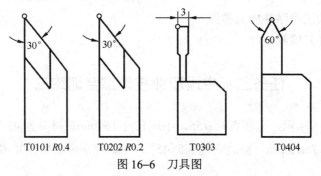

图 16-6　刀具图

二、程序编制

使用 FANUC 0*i* 系统编程，程序如下：

程序	程序说明
O0001;	
N10 G00 X100 Z100 T0101;	换 1 号刀（外圆车刀），快速定位加工原点
N20 M03 S800;	主轴正转
N30 G00 X56. Z2.;	快速定位起刀点
N40 G73 U10.0 W2.0 R6;	粗车循环
N50 G73 P100 Q190 U0.5 W0.5 F120;	
N60 G00 X100;	
N70 Z100 T0100;	快速定位回到加工原点
N80 T0202;	换 2 号刀
N90 M03 S1600;	主轴正转
N95 G70 P100 Q190;	精车外轮廓
N100 G42 G00 X34.47 D02;	调出刀具补偿
N110 G01 Z0 F100;	N100～N190 为精加工外轮廓描述
N120 G03 X35.08 Z−31.328 R24. F100;	
N130 G02 X36.463 Z−43.333 R9. F100;	
N140 G03 X35. Z−57. R8. F100;	
N150 G01 Z−65 F100;	
N160 X41.773;	
N170 X52 Z−94. F100;	
N180 Z−113.;	
N190 X54.;	
N200 G40 G00 X100.;	结束刀具补偿，回到加工原点
N210 Z100 T0200;	
N220 M05;	
N230 M00;	程序暂停
N240 T0303;	换 3 号刀
N250 M03 S1000;	主轴正转
N260 G00 Z75.;	
N270 X52.;	快速定位起刀点
N280 G01 X39 F25;	切槽
N290 G04 P0.5;	
N300 G00 X52.;	
N310 Z−82.;	

```
N320   G01   X39.   F25;

N330   G04   P0.5;

N340   G00   X52.;

N350         Z-89;

N360   G01   X39.   F25;

N370   G04   P0.5;

N380   G00   X100;                              快速定位回到加工原点

N390         Z100   T0300;

N400   M30;                                     程序结束


O0002;                                          镗孔程序

N420   T0101;                                   换1号刀（镗孔刀）

N430   G00   X100  Z80;                         快速定位加工原点

N440   M03   S800;

N450   G00   X24   Z2;

N460   G71   U0.7   R0.1;

N470   G71   P480   Q520   U-0.5   W0.5   F120;

N480   G00   X30;                               N480~N520为内孔精加工轮廓描述

N490   G01   Z0   F100;

N500         X28   Z-1;

N510         Z-26;

N520         X27.;

N530   G70   P480   Q520;                       内孔精加工

N540   G00   Z100.;

N550         X80.   T0100;

N560   M05;

N570   M30;                                     程序结束


O0003;                                          调头程序

N580   T0101;                                   换1号刀（外圆车刀）

N590   G00   X100.   Z80.;                       快速定位加工原点

N600   M03   S800;                              主轴正转

N610   G00   X56   Z2;                          快速定位起刀点

N615   G71   U1.2   R0.2;

N620   G71   P670   Q720   U0.5   W0.5   F120;   粗车循环

N630   G00   X100.;                             快速定位回到加工原点
```

N640　Z80　T0100；

N650　T0202；　　　　　　　　　　　换 2 号刀

N660　M03　S1600；　　　　　　　　　主轴正转

N665　G70　P670　Q720；

N670　G00　X26.；　　　　　　　　　　N670～N720 为精车路线描述

N680　G01　Z0　F100；

N690　X30　Z-2；

N700　Z-33；

N710　X50.；

N720　X52　W-1.；　　　　　　　　　倒角 C1

N730　G00　X100.；　　　　　　　　　快速定位回到加工原点

N740　Z80.　T0200；

N750　M05；　　　　　　　　　　　　主轴停止

N760　M00；　　　　　　　　　　　　程序暂停

N770　T0404；　　　　　　　　　　　换 4 号刀

N780　G00　X32.　Z3.；　　　　　　　快速定位起刀点

N790　G76　C2　A60　X27.　Z-25.　K1.3　U0.1　V0.1　Q0.3　F2；

　　　　　　　　　　　　　　　　　　螺纹粗车循环

N800　G00　X100.；　　　　　　　　　快速定位回到加工原点

N810　Z80　T0400；

N820　M05；　　　　　　　　　　　　主轴停止

N830　M30；

三、上机床调试程序并加工零件

四、修正尺寸并检测零件

任务四　中级职业技能综合训练四

零件如图 16-7 所示，毛坯直径 $\phi 50$，毛坯长度 70mm，材料为 45 号中碳钢。在数控车床上编程并加工该零件。

一、工艺分析与工艺设计

（1）图样分析。图 16-7 所示零件是外轮廓、内腔集一体的零件，由外螺纹、槽、圆柱面、内腔圆弧面组成，尺寸精度要求较高。

（2）加工工艺路线设计。上数控车床车削工件之前，毛坯先钻 $\phi 18$、深 15mm 的孔。

在数控车床上的加工工艺如下。

1）车右端 $\phi 48$ 外圆。

2）粗车右端内轮廓。

3）精车右端内轮廓。

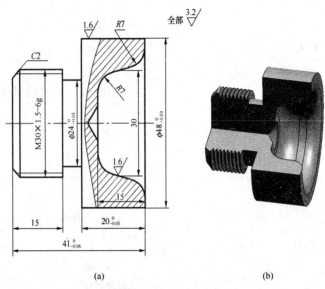

图 16-7　中级职业技能综合训练四零件图

（a）零件图；（b）实体图

4）调头装夹，粗车左端外轮廓。

5）精车左端外轮廓。

6）切 ϕ24 槽。

7）车 M30×1.5-6g 螺纹。

（3）刀具选择。

1）T01 外圆车刀

2）T02 外切槽刀

3）T03 外螺纹车刀

4）T04 内孔车刀

二、程序编制

O0011;	加工右端内外轮廓
G99　G21　G40；	程序初始化
T0101；	换 1 号外圆车刀
M03　S800；	主轴正转，800r/min
G00　X100.0　Z100.0　M08；	刀具至目测安全位置
X48.0　Z2.0；	毛坯直径为 ϕ50mm
G01　Z-30.0　F0.1；	加工右端外圆
X52.0；	
G00　X100.0　Z100.0；	
T0404　S600；	换内孔车刀
G00　X15.0　Z2.0；	

```
    G71  U1.0  R0.5;                              毛坯切削循环
    G71  P80  Q140  U-0.3  W0.2  F0.1;
N80 G42  G00  X44.0  S1200  F0.05;              精加工 S=1200r/min，F=0.05mm/r
    G01  Z0.0;                                   N80～N140 为精加工轮廓描述
    G02  X30.0  Z-7.0  R7.0;
    G01  Z-8.0;
    G03  X16.0  Z-15.0  R7.0;
    G01  X15.0;
N140 G40;
    G70  P80  Q140;                              精加工右端内轮廓
    G00  X100.0  Z100.0;
    M05  M09;
    M30;


  O0012;                                         加工左端轮廓程序
  … …                                            程序开始部分省略
    G00  X52.0  Z2.0;
    G71  U2.0  R0.5;
    G71  P100  Q200  U0.5  W0.2  F0.2;           粗车左端轮廓
N100 G00  X25.8  S1500  F0.05;                   N100～N200 为精加工轮廓描述
    G01  Z0.0;
    X29.8  Z-2.0;
    Z-21.0
N200 X52.0;
    G70  P100  Q200;                             精加工左端轮廓
    G00  X100.0  Z100.0;                         换外切槽刀
    T0202  S600;
    G00  X32.0  Z-18.0;
    G75  R0.5;                                   切槽加工
    G75  X24.0  Z-21.0  P2000  Q2000  F0.1;
    G00  X100.0  Z100.0;
    T0303  S600;                                 换外螺纹车刀
    G00  X32.0  Z2.0;
    G76  P020560  Q50  R0.05;                    加工外螺纹
    G76  X28.05  Z-17.0  P975  Q400  F1.5;
    G00  X100.0  Z100.0;
```

    M05 M09;

     M30；

三、上机床调试程序并加工零件

四、修正尺寸并检测零件

任务五　高级职业技能综合训练一

零件如图 16-8 所示，毛坯尺寸为 $\phi50\times150$，工件材料为 45 钢，编程并加工该零件。

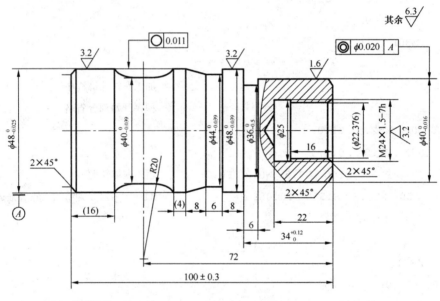

技术要求

1. 工件表面不允许用砂布或锉刀修整。

2. 未注尺寸公差按 GB/T 1804—m 加工和检验。

(a)

(b)

图 16-8　高级职业技能综合训练一零件图

（a）零件图；（b）实体图

一、工艺分析与工艺设计

1. 图样分析

零件外轮廓由圆柱表面、圆锥表面、凹圆弧表面及环形槽组成，内轮廓表面包括 M24×1.5-7h 内螺纹及螺纹退刀槽，零件两端面及螺纹孔口均有 2×45°倒角。

精度要求方面较为突出的问题是保证零件左端及中间两处 $\phi48^{0}_{-0.025}$ 外圆表面的圆度公差 0.011mm 的要求，右端 $\phi40^{0}_{-0.016}$ 圆柱轴线相对于左端 $\phi48^{0}_{-0.025}$ 圆柱同轴度公差 0.020mm，以及 $\phi40^{0}_{-0.016}$ 圆柱面表面粗糙度要求 1.6。

2. 零件装夹定位分析

为避免使用左偏车刀的不便，采用分两次装夹，先夹住零件左端外圆，依次粗车 $\phi48^{0}_{-0.025}$ 外圆表面、粗精车零件中间 $\phi48^{0}_{-0.025}$ 外圆、右端 $\phi40^{0}_{-0.016}$ 圆柱表面及外环形槽 $\phi36^{0}_{-0.5}$，钻 $\phi18$ 孔，镗底孔及车内螺纹 M24×1.5-7h；切断零件后调头夹住 $\phi40^{0}_{-0.016}$ 外圆表面找正后夹紧，依次车削出左端倒角、$\phi48^{0}_{-0.025}$ 外圆、R20 凹圆弧面、中间的宽度为 4 的 $\phi48^{0}_{-0.025}$ 外圆，以及圆锥表面、$\phi44^{0}_{-0.039}$ 圆柱台阶表面。

3. 工艺路线设计

（1）工件毛坯伸出卡盘约 115mm，找正后夹紧零件左端外圆表面，首先用 $\phi18$ 麻花钻钻底孔深 22mm。

（2）用 1 号外圆车刀依次粗车出外圆 $\phi49×100$mm、$\phi40.5×33.5$mm，再精车出右端倒角 2×45° 及 $\phi40^{0}_{-0.016}×34$mm。

（3）换 6 号镗孔刀，粗、精镗 M24×1.5-7h 内螺纹底孔至 $\phi22.376$，及孔口倒角 2×45°。

（4）换 4 号内槽刀，加工 M24×1.5-7h 内螺纹退刀槽至 $\phi25$ 宽度 6mm。

（5）用 5 号内螺纹车刀，加工 M24×1.5-7h 内螺纹，分五次进给切削出合格牙型，用螺纹塞规边加工便检测。

（6）换 3 号车槽刀，分两次切槽 $\phi36^{0}_{-0.5}$ 宽度 6mm 至尺寸，及 $\phi44^{0}_{-0.039}$ 宽 6 台阶去余量至 $\phi45$mm；最后切断工件，长度 100.5mm。

（7）零件调头，用铜皮包住 $\phi40^{0}_{-0.016}$ 外圆，找正后夹紧。

（8）调用 2 号菱形刀片机夹外圆车刀，用复合循环指令依次完成零件左端的 2×45° 倒角、R20（宽 24mm）凹圆弧表面、$\phi48^{0}_{-0.025}$ 外圆、圆锥面及 $\phi44^{0}_{-0.039}$ 宽 6 台阶等各表面的粗车和精车，至此零件全部表面加工完成。

4. 刀具选择

1 号车刀：90° 右偏机夹外圆车刀，副偏角较小。

2 号车刀：93° 右偏车刀，菱形刀片（D 型，刀尖角 55°），注意零件外轮廓表面具有 R20（宽 24）的凹圆弧槽，所以外圆车刀副偏角应够大，以防止车刀副偏角与圆弧表面发生干涉。

3 号车刀：切槽刀，宽度 4mm，用来加工外环形槽及切断零件。

4 号车刀：内槽刀，刀宽 4mm。

5 号刀：60° 三角形内螺纹车刀。

6 号刀：硬质合金内孔车刀，加工内螺纹底孔（小径）及孔口倒角 2×45°。

二、程序编制

1. 相关计算

（1）螺纹的有关计算。

大径 $D_{di}=D_{da}=d=24$mm；小径 $D_{kong}=D_{ding}=22.376$mm（根据图纸上所标注尺寸）。

（2）编程时对尺寸公差的处理。

1）图纸上未注公差按"入体公差"原则并采用 GB/T1804 的规定。

2）带公差的尺寸，编程尺寸=基本尺寸+（上偏差+下偏差）/2。

2. 零件车削程序

```
O0001;      （车削零件右端）

N10  G50  X100  Z100;

N20  M03  M08  S500  T11;

N30  G00  X52  Z2;

N40  G90  X49  Z-100  F0.2;        车右端外轮廓

N50  X45  Z-33.5;

N60  X40.5;

N70  G01  X32  Z2;

N80  S800;

N90  G01  X39.992  Z-2  F0.12;

N100  Z-34;

N110  X47.98;

N120  Z-100;

N130  G00  X100  Z100  T10;

N140  M03  S500  T66;

N150  G00  X17  Z2;

N160  G90  X18  Z-22  F0.15;        车内螺纹底孔

N170  X20;

N180  X22;

N190  G01  X30.376  Z2;

N200  X22.376  Z-2  F0.1;

N210  Z-22;

N220  X18;

N230  Z2;

N240  G00  X100  Z100  T60;

N250  M03  S300  T44;

N260  G00  X18  Z2;

N270  G01  Z-22  F0.1;

N280  X25  F0.08;              切内槽

N290  X18;

N300  Z2;

N310  G00  X100  Z100  T40;

N320  M03  S200  T55;
```

N330　G00　X18　Z2；

N340　G92　X22.976　Z-19　F1.5；　　　　　　N340～N380车内螺纹

N350　X23.376 ；

N360　X23.676 ；

N370　X23.876 ；

N380　X24.0 ；

N390　G00　X100　Z100　T50 ；

N400　M03　S300　T33 ；

N410　G00　X42　Z2 ；

N420　G01　Z-34　F0.12；

N430　X35.75　F0.08；

N440　X42；

N450　Z-32；

N460　G01　X35.75　F0.08；　　　　　　　　切 $\Phi 36^{0}_{-0.5}$ 处的外槽

N470　Z-34.06；

N480　X52；

N490　G00　Z-48；

N500　G01　X45　F0.08；

N510　X52；

N520　Z-46；

N530　G01　X45　F0.08；

N540　X52；

N550　G00　X-100.5；

N560　M00；　　　　　　　　　　　　　　　暂停，检测工件

N570　G00　X100　Z100　T30；

N580　M05　M09；

N590　M30；

O0002；　　　（调头车削零件左端）

N10　G50　X100　Z100；

N20　M03　M08　S500　T22；

N30　G00　X50　Z2；

N40　G73　U5　W1　R5；　　　　　　　　　　N40～N130粗车左端外轮廓

N50　G73　P60　Q130　U0.5　W0　F0.2；

N60　G01　X39.987　S800　F0.12；

N70　X47.987　Z-2；

N80　Z-16；

N90　G02　X47.987　Z-40　R20；

N100 G01 Z-44;

N110 X43.98 Z-52;

N120 Z-58;

N130 X50;

N140 G70 P60 Q130;   精车左端外轮廓

N150 G01 X52;

N160 G00 X100 Z100 T20;

N170 M05 M08;

N180 M30;

三、上机床调试程序并加工零件

四、修正尺寸并检测零件

任务六　高级职业技能综合训练二

零件如图 16-9 所示，毛坯 ϕ50×150，工件材料为 45 钢，编程并加工该零件。

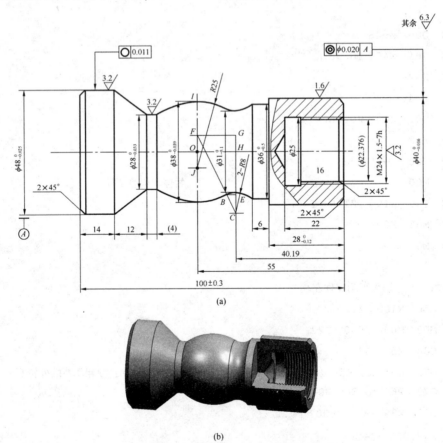

(a)

(b)

图 16-9　高级职业技能综合训练二零件图
(a) 零件图；(b) 实体图

一、工艺分析与工艺设计

1. 图样分析

零件外轮廓由圆柱表面、圆锥表面、凸圆弧表面、凹圆弧表面及环形槽组成，内轮廓表面包括 M24×1.5-7h 内螺纹及螺纹退刀槽，零件两端面及螺纹孔口均有 2×45° 倒角。

精度要求方面较为突出的问题是保证零件左端及中间两处 $\phi48^{0}_{-0.025}$ 外圆表面的圆度公差 0.011mm 的要求，右端 $\phi40^{0}_{-0.016}$ 圆柱轴线相对于左端 $\phi48^{0}_{-0.025}$ 圆柱同轴度公差 0.020mm，以及 $\phi40^{0}_{-0.016}$ 圆柱面表面粗糙度要求 1.6。

2. 零件装夹定位分析

由于零件两端外圆的同轴度要求较高，故采用一次装夹，夹住零件左端外圆，毛坯伸出卡盘约 120mm，依次粗、精加工出内轮廓及外轮廓所有表面，最后切断。

3. 工艺路线设计

（1）工件毛坯伸出卡盘约 115mm，找正后夹紧零件左端外圆表面，首先用 $\phi18$ 麻花钻钻底孔深 22mm。

（2）用 2 号车刀车削内螺纹底孔及孔口倒角。

（3）换 3 号车刀加工出内螺纹退刀槽。

（4）换 4 号内螺纹车刀，加工 M24×1.5–7h 内螺纹。

（5）换 1 号外圆车刀，车削除靠右侧 $\phi36^{0}_{-0.5}$ 宽 6mm 台阶外的所有外轮廓表面，$\phi36^{0}_{-0.5}$ 台阶处先车成一个倒锥。

（6）换 5 号切断刀，依次加工出右侧 $\phi36^{0}_{-0.5}$ 宽 6mm 台阶，及左端 2×45° 倒角，最后将零件切断。

4. 刀具选择

1 号车刀：93° 左偏车刀，菱形刀片（D 型，刀尖角 55°），由于零件外轮廓表面具有凹圆弧槽，所以外圆车刀副偏角应够大，以防止车刀副偏角与圆弧表面发生干涉。

2 号车刀：93° 盲孔内孔车刀，加工内螺纹底孔。

3 号车刀：内槽切刀，宽度 6mm，用来加工内螺纹退刀槽。

4 号车刀：60° 三角形内螺纹车刀。

5 号车刀：切槽切断刀，刀宽 4mm，用来切槽及切断工件。

二、程序编制

1. 相关计算

（1）螺纹的计算以及编程时对尺寸公差的处理同任务三。

（2）本零件编程时相关坐标点的计算如下。

由图 16–9 可知，编程坐标点关键是求出 R8 圆弧与 R25 之间的交点 B 的坐标。如图 16–9 所示，设 R8 圆弧的圆心点为 C，作辅助△CFG，过 B 点作 BE⊥CG，E 为垂足。

在△CFG 中，已知 CF=25+8=33，FG=55−40.19=14.81；

$\because CG=\sqrt{CF^2-FG^2}$ $\therefore CG=29.493$；

$\because \triangle CBE \backsim \triangle CFG$，$\therefore BE/FG=CB/CF$，$BE=FG×CB/CF=14.81×8/33=3.592$；

同理 $CE/CG=CB/CF$，$\therefore CE=CB×CG/CF=8×29.49/33=7.153$；

$\therefore EG=CG-CE=29.493-7.153=22.34$

又 $\because OF=OJ$ △CFG 中，$GH=FO=IJ-OI=25-（38/2）=6$

$\therefore EH=EG-HG=22.34-6=16.337$；直径方向则是 $16.337×2=32.674$

因此，B 点的坐标计算结果为：

$B[32.674，-(40.19+3.592)]$，即 $B（32.674，-43.782）$

2. 零件程序

```
O0010;
N10    G00  X100  Z100;
N20    M03  S500  T22;
N30    G00  X17  Z2;
N40    G90  X19  Z-22  F0.15;              N40~N60 粗车内螺纹底孔
N50    X20.5;
N60    X22;
N70    G01  X30.376  Z2;
N80    X22.376  Z-2  F0.1;                 N80~N90 精车内螺纹底孔
N90    Z-22;
N100   X18;
N110   Z2;
N120   G00  X100  Z100  T20;
N130   S300  T33;                          换内槽切刀
N140   G00  X18  Z2;
N150   G01  Z-22  F0.1;
N160   X25  F0.08;                         切内槽
N170   X18;
N180   Z2;
N190   G00  X100  Z100  T30;
N200   M03  S200  T44;                     换内螺纹车刀
N210   G00  X18  Z2;
N220   G92  X22.976  Z-19  F1.5;           N220~N260 车内螺纹
N230   X23.376;
N240   X23.676;
N250   X23.876;
N260   X24;
N270   G00  X100  Z100  T40;
N280   S300  T55;
N290   G00  X42  Z2;
N300   G01  Z-34  F0.12;
```

N310　X35.75　F0.08；

N320　X42；

N330　Z-31.94；

N340　G01　X35.75　F0.08；

N350　Z-34；

N360　X52；

N370　G00　X100　Z100；

N380　T50；

N390　M03　S600　T11；

N400　G00　X52　Z2；　　　　　　　　　　　N400～N500粗车外轮廓

N410　G73　U10　W2　R10；

N420　G73　P430　Q500　U0.5　W0　F0.2；

N430　G01　X31.992　Z2　S800　F0.12；

N440　X39.992　Z-2；

N450　Z-28；

N460　X36　Z-34；　　　　　　　　　　　　$\phi 36^{0}_{-0.5}$台阶处先车成一个倒锥

N470　G02　X32.674　Z-43.782　R8；

N480　G03　X27.984　Z-70　R25；

N480　G01　Z-74；

N490　X47.988　Z-86；

N500　Z100；

N510　G70　P430　Q500；　　　　　　　　　精车外轮廓

N520　G00　X100　Z100；

N530　T10；

N540　T55；

N550　M03　S300；

N560　G00　X52　Z-104；

N570　G01　X38　F0.08；　　　　　　　　　车倒角之前先预切一个槽

N580　X52；

N590　X47.988　Z-102；

N600　X43.988　Z-104；　　　　　　　　　工件左端倒角2×45°

N610　Z0；　　　　　　　　　　　　　　　　切断

N620　G00　X50；

N630　X100　Z100　T50；

N640　M05；

N650　M30；　　　　　　　　　　　　　　　程序结束

三、上机床调试程序并加工零件

四、修正尺寸并检测零件

任务七　高级职业技能综合训练三

零件如图 16-10 所示，毛坯为 ϕ55×115 棒料，工件材料为 45 钢，编程并加工该零件。

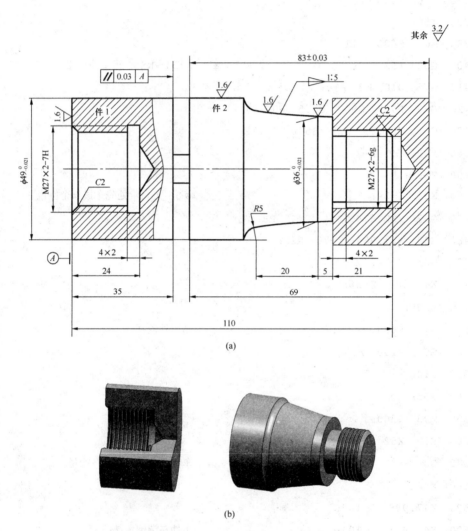

(a)

(b)

图 16-10　高级职业技能综合训练三零件图
（a）零件图；（b）实体图

一、工艺分析与工艺设计

1. 图样分析

本组合件由件 1 和件 2 组成，件 1 由内螺纹及外圆柱面组成，件 2 由外螺纹、圆锥和圆柱面组成。

零件的圆柱表面及圆锥表面尺寸精度较高，表面粗糙度值较低，形位公差方面有左端零件两端平面的平行度要求，最关键的是内外螺纹的配合，保证尺寸 83 ± 0.03 及圆锥表面（涂色检查）。

2. 零件装夹定位分析

由于毛坯为 $\phi55\times115$，而零件总长 110，故需利用两端顶尖顶的方法，采用两次装夹，首先夹住零件右端外圆，毛坯伸出卡盘约 60mm，依次粗加工 $\phi50\times50$ 外圆，钻内螺纹底孔、车底孔至 $\phi25$mm 同时加工孔口倒角 C2；加工内螺纹退刀槽，车内螺纹，注意钻底孔时孔深要超过 35mm，因为后面车削时要利用这个中心孔定位。调头夹住零件左端外圆，找正后夹紧，分别粗、精车右端面至尺寸 100mm，钻 B2.5 中心孔；卸下零件，两端用顶尖以中心孔定位，依次加工 $\phi49^{\ 0}_{-0.021}$ 外圆、$\phi36^{\ 0}_{-0.021}$ 外圆、圆锥面及 R5，$M27\times2\text{--}6g$ 等各表面，检测尺寸合格后，加工中间宽 6mm 的槽，最后评分时切断。

3. 工艺路线设计

（1）工件毛坯伸出卡盘约 60mm，找正后夹紧零件右端外圆表面，用 90° 外圆车刀车端面对刀，粗加工 $\phi50\times50$ 外圆。

（2）钻中心孔及 $\phi24$ 孔，换 4 号内孔车刀，车底孔至 $\phi25$mm 同时加工出孔口倒角 C1。

（3）换 5 号车刀加工出内螺纹退刀槽。

（4）换 4 号内螺纹车刀，加工 $M27\times2\text{--}7H$ 内螺纹。

（5）零件调头，夹住零件左端外圆（已粗车的 $\phi50\times50$），找正后夹紧，用 1 号外圆车刀分别粗、精车右端面至尺寸 100mm，，钻 B2.5 中心孔。

（6）卸下零件，两端用顶尖以中心孔定位，用 1 号车刀依次加工 $\phi49^{\ 0}_{-0.021}$ 外圆、$\phi36^{\ 0}_{-0.021}$ 外圆、圆锥面及 R5 圆弧面，还有外螺纹 $M27\times2\text{--}6g$ 等各表面。

（7）检测尺寸合格后，用 2 号车刀加工中间宽 6mm 的槽，最后评分时切断。

4. 刀具选择

1 号车刀：93° 外圆车刀，采用机夹刀片，较小副偏角，用于轮廓粗、精车。

2 号车刀：切槽切断刀，宽度 4mm，用来加工环形槽、螺纹退刀槽及最后的切断。

3 号车刀：60° 三角形外螺纹车刀。

4 号车刀：内孔车刀，用于加工内螺纹底孔。

5 号车刀：内槽刀，用于加工内螺纹退刀槽。

6 号车刀：60° 三角形内螺纹车刀。

二、程序编制

1. 相关计算

（1）螺纹的有关计算。

三角形外螺纹 $M27\times2\text{--}6g$，大径 $d=d_n-0.1P=27-0.1\times2=26.8$mm。

小径 $d_1=d_n-1.3P=27-1.3\times2=24.4$mm。螺纹牙型高度 $h_1=0.65P=1.3$mm，总背吃刀量 2.6mm，按递减规律分配第一次进刀 0.8mm，第二次 0.6mm，第三次 0.5mm，第四次进 0.4mm，第五次（半精车）0.2mm，第六次（精车）0.1mm。

三角形内螺纹 $M27\times2\text{--}7H$，车螺纹前的底孔直径为 $D_{kong}=D-P=27-2=25$mm，其他同

M27×2–6g。

（2）编程时对尺寸公差的处理。

1）图纸上未注公差按"入体公差"原则并采用 GB/T1804–m 规定。

2）带公差的尺寸，编程尺寸= 基本尺寸+（上偏差+下偏差）/2。

2. 零件车削程序

```
O0001；(车削件1)
N10  G50  X100  Z100;
N20  M03  M08  S600  T11;          调用1号93°外圆车刀
N30  G00  X56  Z2;
N40  G90  X53  Z-50  F0.25;        粗车外圆ϕΦ50×50
N50  X50;
N60  G00  X100  Z100;
N70  T10;
N80  M00;                         程序暂停,车端面、钻中心孔及ϕ22×28孔
N90  T44;                         换4号内孔车刀
N100  G00  X22  Z2;
N110  G90  X24  Z-24  F0.15;
N120  X24.5;                      粗车螺纹底孔
N130  G01  X31  Z1  F0.2;
N140  X25  Z-2;                   孔口倒角C2
N150  Z-24;                       精车底孔
N160  X20;
N170  Z5;
N180  G00  X100  Z100;
N190  T40;
N200  T55;                        调用5号内槽切刀
N210  G00  X20  Z5;
N220  G01  Z-24  F0.2;
N230  X30  F0.12;                 切内螺纹退刀槽4×2
N240  X22;
N250  G01  Z5;
N260  G00  X100  Z100;
N270  T50;
N280  T66;                        调用6号内螺纹车刀
N290  G00  X24  Z2;
N300  G92  X25.2  Z-26  F2;        分6次加工出内螺纹
N310  X25.8;
```

N320 X26.3;

N330 X26.7;

N340 X26.9;

N350 X27;

N360 G00 X100 Z100;

N370 T60;

N380 M30;   程序结束，左端加工完成

O0002；（车削件2）

N10 G50 X100 Z100;

N20 M03 M08 S800 T11;   调用1号93°外圆车刀

N30 G00 X56 Z2;

N40 G90 X52 Z-60 F0.25;   粗车外圆ϕ50×60

N50 X50 Z-100 F0.15;

N60 G00 X50 Z2;

N70 G71 U1.5 R1;   用固定循环粗车件2外轮廓

N80 G71 P90 Q160 U0.5 W0.25 F0.2;

N90 G01 X18.8 F0.12 ;   N90~N160为外轮廓描述

N100 M03 S1000 G01 X26.8 Z-2;

N110 Z-21;

N120 X35.99;

N130 Z-26;

N140 X40 Z-46;

N150 G02 X48.99 Z-51 R5;

N160 G01 Z-110;

N170 G70 P90 Q160;   精车件2外轮廓

N180 G00 X100 Z100;

N190 T10;

N200 T22;

N210 M03 S400;

N220 G00 X40 Z-21;

N230 G01 X23 F0.08;   切槽4×2

N240 X40;

N250 G00 X100 Z100 T20;

N260 T33;   换外螺纹车刀

N270 G00 X28 Z2;

N280 G92 X26.2 Z-18.5 F2;   分六次车削螺纹

N290 X25.6;

```
N300  X25.1;
N310  X24.7;
N320  X24.5;
N330  X24.4;
N340  G00  X100  Z100;
N350  T30;
N360  M00;
N370  M03  S300  T22;            换切槽刀
N380  G00  X54  Z-73;
N390  M00;                        检测后手动切断
N400  G00  X100  Z100;
N410  T20;
N420  M30;                        程序结束，加工完成
```

三、上机床调试程序并加工零件

四、修正尺寸并检测零件

任务八 高级职业技能综合训练四

零件如图 16-11 所示，毛坯为 φ50mm×150mm 的 45 钢，试编程并加工工件。

一、工艺分析与工艺设计

1. 图样分析

图 16-11 所示工件是一个组合件，两件是分开加工的，加工好后要达到相应的配合要求。两个工件的直径方向的尺寸公差都要求在 0.02mm 以内，要求较高。由于有配合的要求，因此，虽然图纸没有标注同轴度要求，但两件配合面处的同轴度必须控制在 0.01mm 以内。外螺纹按图纸公差要求加工，内螺纹加工是与外螺纹配制而成，满足配合要求即可。内孔圆弧和锥度按图纸要求加工，外圆圆弧和锥度是配作而成，满足配合要求即可。凹件（件 2）的左端面必须保证与孔轴心线的垂直度控制在 0.02mm 以内，才能保证配合后相对于 A 基准 0.03mm 的平行度要求。整体表面粗糙度要求较高 Ra1.6μm。

2. 加工工艺路线设计

毛坯是两工件合在一起的长棒料，凹件外圆表面先加工，然后利用已加工好凹件外圆作为加工凸件（件 1）的夹持部分，等加工好凸件的右端所有外形表面后再进行切断，等切断凸件后可以直接进行凹件的内孔加工。

该组合件总的装夹次数为三次，第一次装夹加工凹件外圆；第二次装夹加工凸件除左端面的所有表面和凹件内型腔；第三次装夹加工凸件的左端面。夹持已加工表面时，要用铜皮或者 C 型套包裹已加工表面，防止卡爪夹伤表面。

确定加工工艺路线如下：

（1）粗、精加工凹件的右端面及外圆，保证 φ48mm 尺寸要求。

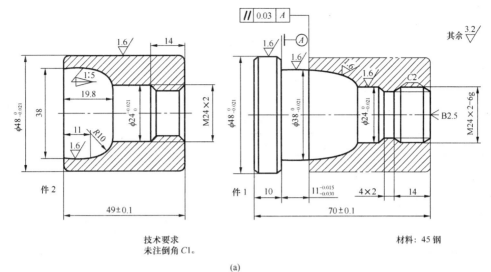

图 16-11　高级职业技能综合训练四零件图

(a) 零件图；(b) 实体图

（2）掉头装夹，找正并夹紧（此处要用铜皮包裹或用软爪夹紧已加工好的表面，以防损伤工件表面）。

（3）粗车凸件外圆各个表面，留精加工余量 0.2～0.5mm。

（4）精车凸件外圆圆弧、锥度各表面达到图纸要求，外螺纹大径车小 0.2mm。

（5）加工螺纹退刀槽。

（6）外螺纹加工，达到图纸要求。

（7）割断，保证凸件总长留有 1mm 的余量。

（8）加工凹件的左端面，保证凹件总长要求。

（9）粗镗内孔，留精加工余量 0.2～0.5mm。

（10）精镗内孔，到达图纸各项要求。

（11）内螺纹加工，保证与外螺纹的配合要求。

（12）试配两件，如有需要，则进行修正。

（13）装夹凸件，找正夹紧，准备加工凸件的左端面。

（14）粗、精加工凸件的左端面，保证凸件总长要求。

（15）去毛倒刺，检测工件各项尺寸要求。

3. 刀具与切削用量选择（见表 16-2）

表 16-2 刀具与切削用量参数表

刀具号	刀具名称	背吃刀量（半径量）（mm）	转速（r/min）	进给率（mm/r）
T0101	外圆车刀（粗）	2	500	0.2
	外圆车刀（精）	0.1	1000	0.08
T0202	外切槽刀（刀宽 2mm）		350	0.1
T0303	外螺纹刀		800	
T0404	内孔镗刀（粗）	2	500	0.15
	内孔镗刀（精）	0.1	1000	0.08
T0505	内螺纹刀		500	

二、程序编制

程序如下：

（1）图 16-11 件 2 左端外圆程序。

程序	程序说明
O0001；	程序名
N10 G99 G40 G21 G54；	程序初始化
N20 G28 U0 W0；	刀具回换刀点
N30 T0101；	换 1 号外圆刀，导入该刀具刀补
N40 M08；	切削液开
N50 M03 S500；	主轴正转，转速 500r/min
N60 G00 X55.0 Z.0；	快速进刀
N70 G01 X0 F0.1；	平端面
N80 G00 X55.0 Z2.0；	快速退刀
N90 G90 X48.2 Z-50.0；	用外径切削固定循环粗加工 $\phi48$ 外圆
N100 G01 X46.2 Z0.0；	进刀
N110 X48.2 Z-1.0；	倒角粗加工
N120 M03 S1000 F0.08；	换精加工转速及进给率
N130 G00 Z2.0；	退刀
N140 X46.0；	X 向进刀
N150 G01 Z0.0；	Z 向进刀
N160 X48.0 Z-1.0；	精加工倒角
N170 Z-50.0；	精加工 $\phi48$ 的外圆

N180	X51.0;	退刀
N190	G40 G28 U0 W0 T0100;	回换刀点
N200	M09;	切削液关
N210	M30;	程序结束

（2）图 16-11 件 2 左端内孔程序。

程序　　　　　　　　　　　　　　　　　程序说明

O0002 ;		程序名
N10	G99 G40 G21 G54;	程序初始化
N20	G28 U0 W0;	刀具回换刀点
N30	T0101;	换 1 号刀，导入该刀刀补
N40	M08;	切削液开
N50	M03 S1000;	主轴正转，转速 1000r/min
N60	G00 X55.0 Z-1.0;	快速进刀
N70	G01 X48.0 F0.1;	工进至倒角起点
N80	X46.0 Z0.0;	倒角
N90	X36.0;	精车端面，保证总长
N100	G00 Z5.0;	退刀
N110	X55.0;	
N120	G28 U0 W0 T0100;	回换刀点
N130	S500 T0404;	换 4 号内孔镗刀，转速改为 500r/min
N140	G41 G00 X16.0 Z2.0 D04;	快速定位；
N150	G01 X16.0 Z0;	移动刀具到循环起点
N160	G71 U2.0 R1.0;	粗加工内轮廓
N170	G71 P180 Q240 U-0.1 W0.1 F0.15;	
N180	G01 X38.0 Z0;	N180~N240 为精加工轮廓描述
N190	X35.8 Z-11.0;	
N200	G03 X24.0 Z-19.8 R10.0;	
N210	G01 Z-35.0;	
N220	X21.6 Z-37.0;	
N230	Z-50.0;	
N240	X18.0;	内轮廓终点
N250	M03 S1000 F0.08;	换精加工转速及进给率
N260	G70 P180 Q240;	精加工内轮廓
N270	G40 G28 U0 W0 T0400;	回换刀点
N280	M03 S500;	换螺纹转速
N290	T0505;	换内螺纹刀
N300	G00 X20.0;	X 向进刀

| N310 | Z-30.0; | Z 向进刀 |

N320 G76 P010060 Q100 R0.1;　　　　　　　复合固定循环加工螺纹

N330 G76 X24.0 Z-50.0 R0 P1300 Q500 F2.0;

N340	G00	Z2.0	Z 向退刀
N350	G28	U0 W0 T0500;	回换刀点
N360	M09;		切削液关
N370	M30;		程序结束

（3）图 16-11 件 1 左端程序。

程序	程序说明
O0003;	程序名
N10 G99 G40 G21 G54;	程序初始化
N20 G28 U0 W0;	刀具回换刀点
N30 T0101;	换 1 号外圆刀，导入该刀具刀补
N40 M08;	切削液开
N50 M03 S1000 F0.08;	换精加工转速及进给率
N60 G00 X55.0 Z-1.0;	快速进刀
N70 G01 X48.0;	工进至倒角起点
N80 X46.0 Z0.0;	倒角
N90 X-1.0;	精车端面
N100 G00 Z5.0;	退刀
N110 G28 U0 W0 T0100;	回换刀点
N120 M09;	切削液关
N130 M30;	程序结束

（4）图 16-11 件 1 右端程序。

程序	程序说明
O0004;	程序名
N10 G99 G40 G21 G54;	程序初始化
N20 G28 U0 W0;	刀具回换刀点
N30 T0101;	换 1 号外圆刀，导入该刀具刀补
N40 M08;	切削液开
N50 M03 S500;	主轴正转，转速 500r/min
N60 G42 G00 X55.0 Z0.0 D01;	快速进刀
N70 G71 U2.0 R1.0;	粗加工右端外轮廓
N80 G71 P90 Q180 U0.1 W0.1 F0.2;	
N90 G01 X20.0 Z0.0;	N90~N180 为精加工轮廓描述
N100 X23.8 Z-2.0;	
N110 Z-14.0;	

```
N120  X24.0;
N130  Z-29.2;
N140  G03  X35.8  Z-38.  R11.0;
N150  G01  X38.0  Z-49.0;
N160  Z-60.0;
N170  X46.01;
N175  X48.0  Z-61.0;
N180  Z-74.0;
N190  M03  S1000  F0.08;                              换精加工转速及进给率
N200  G70  P90  Q180;                                 精加工外轮廓
N210  G40  G28  U0  W0  T0100;                        回换刀点
N220  M03  S350;                                      换切槽转速
N230  T0202;                                          换切槽刀，刀宽 2mm
N240  G00  X26.0  Z-18.0;                             快速定位
N250  G01  X20.1  F0.1;                               切槽第一刀
N260  G00  X26.0;                                     退刀
N270  Z-20.;                                          重定位
N280  G01  X24.0;                                     进刀
N290  X20.0  Z-18.0;                                  切槽刀左刀尖倒角
N300  G00  X26.0;                                     退刀
N310  Z-16.0;                                         重定位
N320  G01  X20.1;                                     切槽第二刀
N330  G00  X26.0;                                     退刀
N340  Z-14.0;                                         重定位
N350  G01  X24.0;                                     进刀
N360  X20.0  Z-16.0;                                  切槽刀右刀尖倒角
N370  Z-18.0;                                         平槽底
N380  G00  X26.0;                                     退刀
N390  G28  U0  W0  T0200;                             回换刀点
N400  M03  S800;                                      换切螺纹转速
N410  T0303;
N420  G00  X26.0  Z5.0;                               快速定位到螺纹循环起点
N430  G76  P010060  Q100  R0.1;                       复合固定循环加工螺纹
N440  G76  X21.4  Z-16.0  R0  P1300  Q500  F2.0;
N450  G28  U0  W0  T0300;                             回换刀点
N460  T0202;                                          换切槽刀
N470  M03  S350;                                      切槽转速 350r/min
```

```
N480  G00  X55.0  Z-72.5;              快进至切断起点
N490  G01  X0  F0.1;                   切断
N500  G00  X55.0;                      退刀
N510  G28  U0  W0  T0200;              回换刀点
N520  M09;                             切削液关
N530  M30;                             程序结束
```

三、上机床调试程序并加工零件
四、修正尺寸并检测零件

任务九　高级职业技能综合训练五

零件如题图 16-12 所示，材料为 45 钢，件 1 毛坯为 ϕ50mm×80mm，件 2 毛坯为 ϕ50mm×100mm，试编程并加工零件。

一、工艺分析与工艺设计

1. 图样分析

该零件为配合件，件 1 与件 2 相配，该零件的精度要求较高，加工难点在于件 2 上椭圆的加工。

2. 加工工艺路线设计

（1）用 G71 循环粗加工件 1。

（2）用 G70 循环精加工 ϕ20×8、ϕ23.8×50。

（3）车槽 ϕ15×8.386。

（4）用 G76 螺纹复合循环加工 M24×1.5 外螺纹。

（5）用 G73 复合循环粗加工 SR10。

（6）用 G70 精加工 SR10，手工切断，保证长度 52。

（7）用 G71 循环粗加工件 2 右端（不包括椭圆）。

（8）用 G70 循环精加工件 2 右端至尺寸（不包括椭圆）。

（9）粗、精加工工件 2 右端椭圆。

（10）调头夹 ϕ36×17，用 G71 粗加工件 2 左端外形，用 G70 循环精加工件 2 左端外形。

（11）车 5×ϕ40 外槽。

（12）用 G71 循环粗加工件 2 左端内腔，用 G70 循环精加工件 2 左端内腔。

（13）车 4×ϕ25 内槽。

（14）用 G76 螺纹复合循环加工 M24×1.5 内螺纹。

3. 刀具选择

1 号刀：93° 菱形外圆车刀；2 号刀：60° 外螺纹刀；3 号刀：外车槽刀（4mm）；

4 号刀：内孔镗刀；5 号刀：60° 内螺纹刀；6 号刀：内车槽刀（2.5mm）。

4. 切削参数的选择

各工序刀具的切削参数见表 16-3。

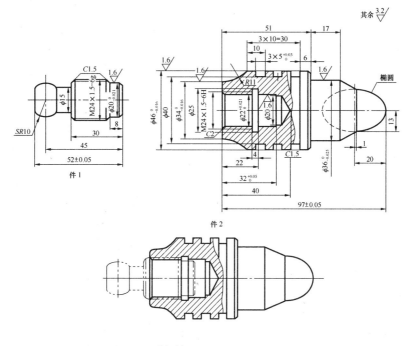

技术要求

1. 锐边倒角 C0.3。
2. 未注倒角 C1。
3. 圆弧过渡光滑。
4. 未注尺寸公差按 GB/T 1804—m 加工和检验。

(a)

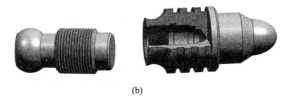

(b)

图 16-12　高级职业技能综合训练五零件图

（a）零件图；　（b）实体图

表 16-3　　　　　　　　　　各工序刀具的切削参数

序号	加工面	刀具号	刀具类型	主轴转速 n（r/min）	进给速度 v_f（mm/min）
1	车外形	T1	93° 菱形外圆车刀	粗 800，精 1500	粗 150，精 80
2	车外螺纹	T2	60° 外螺纹刀	1000	1.5
3	车外槽	T3	车切槽刀	600	25
4	镗内孔	T4	内孔镗刀	粗 800，精 1200	粗 100，精 80
5	车内螺纹	T5	60° 内螺纹刀	1000	1.5
6	车内槽	T6	内车槽刀	600	25

二、程序编制

1. 件1加工程序

O0001;	主程序名
N5 G98;	分进给
N10 M3 S800 T0101;	转速800r/min，换1号93°菱形外圆车刀
N15 G0 X51 Z3;	快进到外径粗车循环起刀点
N20 G71 U1.5 R1;	外径粗车循环
	U：每次背吃刀量单边1.5mm，R：退刀量单边1mm
N25 G71 P30 Q65 U0.5 W0.1 F150;	P30：粗加工第一程序段号，Q65：粗加工最后程序段号，U：精加工余量双边0.5mm，W：精加工余量0.1mm，F：粗车进给速度150mm/min
N30 G1 X18;	进到外径粗车循环起点
N35 Z0;	
N40 X19.99 Z-1;	倒角
N45 Z-8;	
N50 X20.8;	
N55 X23.8 Z-9.5;	倒角
N60 Z-58;	
N65 X50;	N30~N65外径循环轮廓程序
N70 G0 X100 Z50;	退刀
N75 M5;	主轴停转
N80 M0;	程序暂停
N85 S1500 M3 F80 T0101;	精车转速1500r/min，进给速度80mm/min
N90 G0 X51 Z2;	快速进刀
N95 G70 P30 Q65;	P30：精加工第一程序段号，Q65：精加工最后程序段号
N100 G0 X100 Z50;	退刀
N105 M5;	主轴停转
N110 M0;	程序暂停
N115 T0303 S600 M3 F25;	转速600r/min，进给25mm/min，换切槽刀
N120 G0 X26 Z-38.386;	进到切槽起点
N125 G1 X15.2;	车槽
N130 G0 X26;	退刀
N135 Z-34.386;	进刀
N140 G1 X15.2;	车槽
N145 G0 X26;	退刀
N150 Z-34;	进刀

N155	G1 X15；	车槽
N160	Z-38.386；	精车槽底
N165	G0 X24；	退刀
N170	Z-32.5；	进到倒角起点
N175	G1 X21 W-1.5；	倒角
N180	G0 X100；	
N185	Z50；	退刀
N175	T0202 S1000 M3；	转速 1000r/min 换 2 号 60° 外螺纹刀
N180	G0 X26 Z-3；	进到外螺纹复合循环起刀点
N185	G76 P10160 Q80 R0.1；	外螺纹复合循环

P10160：1 精加工次数 1 次，01：螺纹尾部斜向倒角量 0.1 个导程，60：刀尖角 60°，Q：螺纹最小背吃刀量 0.08mm，R：精加工余量 0.1mm

N190 G76 X22.14 Z-31 R0 P930 Q350 F1.5；

X：有效螺纹终点 X 坐标，Z：有效螺纹终点 Z 坐标，R：螺纹半径差，P：螺纹牙高度单边 0.93mm，Q：第一次背吃刀量单边 0.35mm，F：螺纹导程 1.5mm

N195	G0 X100 Z50；	退刀
N200	M5；	主轴停转
N200	M0；	程序暂停
N205	S800 M3 T0101；	转速 800r/min，换 1 号 93° 菱形外圆车刀
N210	G0 X25 Z-36；	快进到外径凹槽粗车循环起刀点
N215	G73 U6.0 W0.5 R3；	外径粗车循环

U：每次切深单边 1.5mm，R：退刀量单边 1mm

N220 G73 P225 Q245 U0.5 W0.1 F150；

P225：粗加工第一程序段号，Q245：粗加工最后程序段号，U：精加工余量双边 0.5mm，W：精加工余量 0.1mm，F：粗车进给速度 150mm/min

N225	G1 X15 Z-37；	进到外径凹槽粗车循环起点
N230	Z-38.386；	
N235	G3 X15 Z-52 R10；	
N240	G1 Z-53；	
N245	X25；	N225～N245 外径凹槽粗车循环轮廓程序
N250	G0 X100；	退刀
N255	Z50；	退刀
N260	M5；	主轴停转
N265	M0；	程序暂停

N270 S1500 M3 T0101 F80；	精车转速 1500r/min，进给 80mm/min
N275 G0 G42 X25 Z−36；	快进，引入半径补偿
N280 G70 P225 Q245；	P225：精加工第一程序段号，Q245：精加工最后程序段号
N285 G0 G40 X100；	退刀，撤消半径补偿
N290 Z50；	退刀
N295 M30；	程序停止

2. 件 2 右端加工程序

O0002；	主程序名
N5 G98；	分进给
N10 T0101 S800 M3；	转速 800r/min，换 1 号 93° 菱形外圆车刀
N15 G0 X51 Z2；	快进到外径粗车循环起刀点
N20 G71 U1.5 R1；	外径粗车循环 U：每次切深单边 1.5mm，R：退刀量单边 1mm
N25 G71 P30 Q65 U0.5 W0.1 F150；	P30：粗加工第一程序段号，Q65：粗加工最后程序段号， U：精加工余量双边 0.5mm，W：精加工余量 0.1mm， F：粗车进给速度 150mm/min
N30 G1 X25.966；	进到外径粗车循环起点
N35 Z2；	
N40 Z−19；	
N45 X35.988 Z−29；	
N50 Z−46；	
N55 X44；	
N60 X45.992 Z47；	
N65 Z−55；	N30−N65 外径粗车循环轮廓程序
N70 G0 X100；	退刀
N75 Z50；	退刀
N80 M5；	主轴停转
N85 M0；	程序暂停
N90 S1500 M3 T0101 F80；	精车转速 1500r/min，进给 80mm/min
N45 G0 X51 Z3；	快进
N50 G70 P30 Q65；	P30：精加工第一程序段号，Q65：精加工最后程序段号
N55 G0 X100 Z50；	退刀
N60 M5；	主轴停转
N65 M0；	程序暂停
N70 S800 M3 T0101 F150；	转速 800r/min，换 1 号 93° 菱形外圆车刀

N75 G0 X27 Z2；

N80 #150=26；　　　　　　　　　　　设置最大切削余量 26mm

N85 IF [#150 LT 1] GOTO 105；　　毛坯余量小于 1，则跳转到 N105 程序段

N90 M98 P0003；　　　　　　　　　调用椭圆子程序

N95 #150=#150-2；　　　　　　　　每次背吃刀量双边 2mm

N100 GOTO 85；　　　　　　　　　跳转到 N85 程序段

N105 G0 X30 Z2；　　　　　　　　退刀

N110 S1500 F80；　　　　　　　　精车转速 1500r/min，进给 80mm/min

N115 #150=0；　　　　　　　　　　设置毛坯余量为 0

N120 M98 P0003；　　　　　　　　调用椭圆子程序

N125 G0 X100 Z50 ；　　　　　　退刀

N130 M5；　　　　　　　　　　　　主轴停转

N135 M30；　　　　　　　　　　　程序停止

O0003；　　　　　　　　　　　　　椭圆子程序

N5 #101=20；　　　　　　　　　　长半轴

N10 #102=13；　　　　　　　　　　短半轴

N15 #103=20；　　　　　　　　　　Z 轴起始尺寸

N20 IF [#103 LT 1] GOTO 50；　判断是否走到 Z 轴终点，是则跳到 N50 程序段

N25 #104=SQRT[#101*#101-#103*#103]；

N30 #105=13 *#104/20；　　　　　X 轴变量

N35 G1 X[2*#105+#150] Z[#103-20]；　椭圆插补

N40 #103=#103-0.5；　　　　　　　Z 轴步距，每次 0.5mm

N45 GOTO 20；　　　　　　　　　跳转到 N20 程序段

N50 G0 U2 Z2；　　　　　　　　退刀

N55 M99；　　　　　　　　　　　子程序结束

3. 件 2 左端加工程序

O0004；　　　　　　　　　　　　　主程序名

N5 G98；　　　　　　　　　　　　分进给

N10 T0101 S800 M3；　　　　　　转速 800r/min，换 1 号 93° 菱形外圆车刀

N15 G0 X51 Z2；　　　　　　　　快进到外径粗车循环起刀点

N20 G71 U1.5 R1；　　　　　　　外径粗车循环

　　　　　　　　　　　　　　　　　U：每次切深单边 1.5mm，R：退刀量单边 1mm

N25 G71 P30 Q55 U0.5 W0.1 F150；　P30：粗加工第一程序段号，Q55：粗加工最后

　　　　　　　　　　　　　　　　　程序段号，U：精加工余量双边 0.5mm，W：精加

工余量 0.1mm，F：粗车进给速度 150mm/min

进到外径粗车循环起点

N30　G1　X32；

N35　Z0；

N40　X33.992　Z-1；

N45　G1　Z-5.202；

N50　G2　X45.992　Z-15　R11；

N55　G1　Z-46；　　　　　　　　　　N30～N55 外径粗车循环轮廓程序

N60　G0　X100　Z50；　　　　　　　退刀

N65　M5；　　　　　　　　　　　　　主轴停转

N70　M0；　　　　　　　　　　　　　程序暂停

N75　S1500　M3　F80　T0101；　　　精车转速 1500r/min，进给 80mm/min

N80　G0　X51　Z2；　　　　　　　　快速进刀

N85　G70　P30　Q55；　　　　　　　P30：精加工第一程序段号，Q55：精加工最后程序段号

N90　G0　X100　Z250；　　　　　　　退刀

N95　M5；　　　　　　　　　　　　　主轴停转

N100　M0；　　　　　　　　　　　　程序暂停

N105　S600　M3　T0303　F25；　　　转速 600r/min，进给 25mm/min，换 3 号切槽刀

N110　G0　X48　Z-20；　　　　　　　快进到切槽起点

N115　G1　X40；　　　　　　　　　　车槽

N120　G0　X48；　　　　　　　　　　退刀

N125　Z-21；　　　　　　　　　　　进刀

N130　G0　X40；　　　　　　　　　　车槽

N135　G0　X48；　　　　　　　　　　退刀

N140　Z-30；　　　　　　　　　　　进刀

N145　G1　X40；　　　　　　　　　　车槽

N150　G0　X48；　　　　　　　　　　退刀

N155　Z-31；　　　　　　　　　　　进刀

N160　G1　X40；　　　　　　　　　　车槽

N165　G0　X48；　　　　　　　　　　退刀

N170　Z-40；　　　　　　　　　　　进刀

N175　G1　X40；　　　　　　　　　　车槽

N180　G0　X48；　　　　　　　　　　退刀

N185　Z-41；　　　　　　　　　　　进刀

N190	G1 X40;	车槽
N195	G0 X100;	退刀
N200	Z50;	
N205	M5;	主轴停转
N210	M0;	程序暂停
N215	T0404 S800 M3;	转速800r/min，换4号内孔镗刀
N220	G0 X19.5 Z2;	快进到内孔循环起刀点
N225	G71 U1 R0.25;	内孔粗车循环

U：每次背吃刀量单边1mm，R：退刀量单边0.25mm

N230	G71 P235 Q270 U-0.5 W0.1 F150;	P235：粗加工第一程序段号，Q270：粗加工最后程序段号，U：精加工余量双边0.5mm，W：精加工余量0.1mm，F：粗车进给速度150mm/min
N235	G1 X24;	进到内径循环起点
N240	Z0;	
N250	X22.5 Z-2;	
N255	Z-22;	
N260	X22.01;	
N265	Z-32.025;	
N270	X19.5;	N235～N270内径循环轮廓程序
N275	G0 Z100;	退刀
N280	X100;	
N285	M5;	主轴停转
N290	M0;	程序暂停
N295	S1200 M3 T0404 F80;	精车转速1200r/min，进给80mm/min
N300	G0 X26 Z1;	进刀
N305	G70 P235 Q270;	P235：精加工第一程序段号，Q270：精加工最后程序段号
N310	G0 Z100;	退刀
N315	X100;	
N320	M5;	主轴停转
N325	M0;	程序暂停
N330	S600 M3 T0606 F25;	转速600r/min进给25mm/min换6号内切槽刀
N335	G0 X21 Z5;	
N340	Z-22;	快进到切槽起点

N345	G1 X25;	车槽
N350	X21;	退刀
N355	Z-20.5;	进刀
N360	X25;	切槽
N365	X21;	退刀
N370	G0 Z100;	退刀
N375	X50;	
N380	M5;	主轴停转
N385	M0;	程序暂停
N390	S1000 M3 T0505;	转速 1000r/min，换 5 号内螺纹刀
N395	G0 X21 Z3;	快进到内螺纹复合循环起刀点
N400	G76 P10160 Q80 R0.1;	内螺纹复合循环

P10160：1 精加工次数 1 次，01：螺纹尾部斜向倒角量 0.1 个导程，60：刀尖角 60°，Q：螺纹最小背吃刀量 0.08mm，R：精加工余量 0.1mm

N405 G76 X24.05 Z-19 R0 P930 Q350 F1.5； X：有效螺纹终点 X 坐标，Z：有效螺纹终点 Z 坐标，R：螺纹半径差，P：螺纹牙高度单边 0.93mm，Q：第一次背吃刀量单边 0.35mm，F：螺纹导程 1.5mm

N410	G0 Z100;	
N415	X50;	退刀
N420	M5;	主轴停转
N425	M30;	程序停止

三、上机床调试程序并加工零件

四、修正尺寸并检测零件

任务十 高级职业技能综合训练六

零件如图 16-13 所示，毛坯尺寸为 ϕ46mm×150mm，材料为 45 钢，编程并加工零件。

一、工艺分析与工艺设计

1. 图样分析

本任务为配合工件加工，因此，在加工过程中除了保证工件的单件精度外，还要保证工件配合后的精度要求。

（1）尺寸精度。件 1 主要的尺寸精度有外圆 $\phi 44_{-0.25}^{0}$、$\phi 36_{-0.25}^{0}$、$\phi 36\pm0.031$，内孔 $\phi 25_{0}^{+0.33}$，长度 63±0.095，内螺纹 M24×1.5-6H 等。

件 2 主要尺寸精度为外圆尺寸 $\phi 25_{-0.021}^{0}$ 和外螺纹 M24×1.5-6g 等。

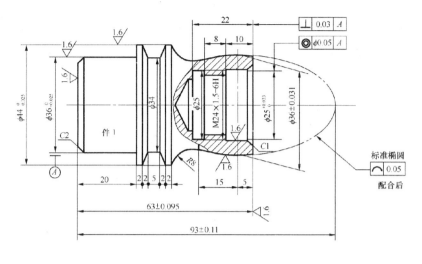

其余 6.3

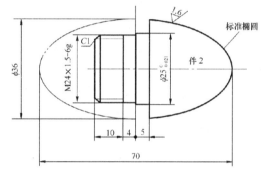

技术要求

1. 配合后曲面光滑过渡。
2. 线性尺寸的一般公差按 GB/T 1804—C
3. 工件表面不允许用砂布或锉刀修整
4. 工时定额 5h。

(a)

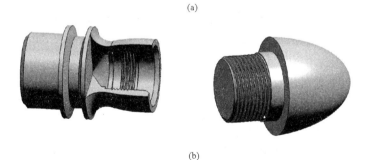

(b)

图 16–13　高级职业技能综合训练六零件图
（a）零件图；（b）实体图

（2）形位精度。件 1 主要的形位精度有内孔 $\phi25$ 轴线对外圆 $\phi36$ 轴线的的同轴度，右端面对外圆 $\phi36$ 轴线的垂直度，以及椭圆曲面的线轮廓度。

件 2 在图样中虽未标注形位公差要求，但对其椭圆曲面，仍提出了线轮廓度要求，它反映在与件 1 的配合要求上。另外，在实际加工过程中，还应注意外圆 $\phi 25$ 轴线与螺纹轴线的同轴度公差，否则将难保证其配合精度的要求。

（3）表面粗糙度。本任务中内、外圆表面的粗糙度要求为 $Ra1.6\mu m$，螺纹的粗糙度为 $Ra3.2\mu m$，切槽与钻孔粗糙度为 $Ra6.3\mu m$。

对于上述 3 项精度，主要通过以下几种方法进行保证。

1）合理安排加工工步及加工路线。

2）合理选用切削用量等加工参数。

3）正确安装工件，工件安装后要仔细地找正。

4）正确选择或刃磨刀具并进行精确的对刀，正确设定刀具偏移、刀尖圆弧半径补偿、刀具磨耗等参数。

5）及时、逐项、准确地进行工件精度检验，较快地分析误差产生的原因并立即采取补救措施。

（4）配合精度。本任务主要的配合精度要求有以下几个方面。

1）为了保证两工件内、外螺纹及内、外圆柱表面的配合精度，件 1 与件 2 的内、外螺纹及内、外圆柱表面除了要求确保各项尺寸公差合格外，还要求其具有较高的同轴度。

2）为了保证配合后的总长度，件 1 与件 2 除了应保证各自的总长外，还应注意形位精度对总长的影响，如端面与内螺纹轴线及孔 $\phi 25$ 轴线的垂直度误差也将影响配合后的总长。

3）为了保证配合后两工件曲面的线轮廓度公差及光滑过渡，最好将工件 1、2 配合后，再一起精车其椭圆曲面。同时还应特别注意，车削椭圆曲面时，车刀刀尖圆弧刃的形状误差和刀尖圆弧半径补偿，以及车刀刀尖安装后的中心高都将对其线轮廓度误差产生影响。

2. 加工工艺路线设计

为了方便对刀，工件的编程原点分别取在完工单件的右端面与主轴轴线相交的交点上。

（1）件 2 的加工方案。

1）工件装夹、对刀（手动粗车件 2 右端外圆，直径为 $\phi 37mm$）。

2）工件调头装夹、找正并对刀（手动车削件 2 左端面，Z 向尺寸留 0.5mm 的精车余量）。

3）粗、精车件 2 的左端轮廓，保证外圆 $\phi 25mm$，螺纹大径 $\phi 23.8mm$ 等尺寸精度和表面粗糙度。

4）粗、精车件 2 的外螺纹（用螺纹环规检验）。

（2）件 1 的加工方案。

1）件 1 右端手动钻孔为 $\phi 20mm$，深 24mm。

2）工件调头装夹、对刀（手动车削件 1 左端面）。

3）粗、精车左端外圆及倒角，保证 $\phi 44mm$、$\phi 36mm$ 的尺寸精度和表面粗糙度。

4）粗、精车外沟槽。

5）工件调头装夹、找正并对刀（手动车削端面，保证工件总长及右端面的垂直度）。

6）粗、精车右端内孔，保证内孔 $\phi 25mm$，螺纹底孔 $\phi 22.5mm$，深 22mm 的尺寸精度、位置精度和表面粗糙度。

7）车内沟槽。

8）车内螺纹（用螺纹塞规检验）。

（3）配合件加工方案。

1）不卸下件 1，将件 2 与件 1 进行螺纹旋合。

2）Z 向坐标平移 30mm（G54 偏置）。

3）粗车组合件外轮廓并留 0.5mm（直径量）的精车余量。

4）精车组合件外轮廓。

3．工件定位与装夹

工件仍采用通用夹具三爪卡盘进行装夹，在装夹（特别是调头装夹）过程中，一定要仔细对工件进行找正，以减小工件的位置误差。

4．刀具及切削用量选择

除钻头采用高速钢材料外，其余的刀具材料均采用硬质合金。根据数控加工经验、工件的加工精度及表面质量、工件的材料性质、刀具的种类及形状、刀柄的刚性等诸多因素，数控车削用刀具及切削用量参数见表 16-4 所列。

表 16-4　　　　　　　　　数控车削用刀具及切削用量参数表

刀具名称	刀具号	刀沿号	加工内容	主轴转速（r/min）	进给量（mm/min）	背吃刀量（mm）
外圆粗车刀	T0101	3	粗车外圆手动车端面	600	200	1.5
外圆精车刀	T0202	3	精车外圆	1200	80	0.15
外切槽刀	T0303	3	车外沟槽	600	80	
外螺纹车刀	T0404	8	车外螺纹	600	900	
内孔车刀	T0404	2	粗车内孔	500	100	1.0
			精车内孔	1000	60	0.15
内切槽车刀	T0505	2	车内沟槽	500	50	
内螺纹车刀	T0606	6	车内螺纹	500	750	

本实训采用前置式六工位刀架进行加工。开始加工时，先装上前四把刀具，当件 2 及件 1 左端轮廓加工完成后，卸下外螺纹车刀、外切槽刀，再装上内孔车刀、内螺纹车刀及内切槽刀。如采用四工位刀架，则需增加一次装刀、卸刀过程。

二、程序编制

1．车削件 2 左端轮廓的加工程序

```
O0001;
    G98  G40  G21;
    T0101;                              转 1 号刀，取 1 号刀补
    G00  X100.0  Z100.0;
    M03  S600;
```

```
        G00  X47.0  Z2.0;                        快速点定位至循环起点

        G71  U1.5  R0.3;                         粗车外圆，F=100，S=600，ap=1.5

        G71  P10  Q20  U0.3  W0.05  F100;

N10     G01  X21.8  F80  S1200;

            Z0.0;

            X23.8  Z-1.0;

            Z-14.0;

            X25.0;

            Z-19.0;

N20     X47.0;

        G00  X100.0  Z100.0;                     退刀至转刀点

        T0202;                                   转外圆精车刀，取2号刀补

        G00  X47.0  Z2.0;

        G70  P10  Q20;                           精车外圆 F=80，S=1200，ap=0.15。

        G00  X100.0  Z100.0;

        T0404;                                   转外螺纹车刀，取4号刀补

        S600;

        G00  X26.0  Z5.0;

        G76  P020560  Q50  R0.05;                螺纹循环

        G76  X22.2  Z-10.0  P900  Q400  F1.5;

        G00  X100.0  Z100.0;

        M30;
```

2. 车削件1左端外圆及倒角的加工程序

```
O0002;

        G98  G40  G21;

        T0101;                                   转1号刀，取1号刀补

        G00  X100.0  Z100.0;

        M03  S600;

        G00  X47.0  Z2.0;

        G71  U1.5  R0.3;                         粗车外圆，F=200，S=600，ap=1.5

        G71  P10  Q20  U0.3  W0.2  F100;

N10     G01  X32.0  F80  S1200;

        Z0.0;

        X36.0  Z-2.0;

        Z-20.0;

        X44.0;

        Z-35.0;
```

N20 X47.0；

　　G00 X100.0 Z100.0；

　　T0202；　　　　　　　　　　　　转外圆精车刀

　　G00 X47.0 Z2.0；

　　G70 P10 Q20；　　　　　　　　精车外圆，F=80，S=1200，a_P=0.15

　　G00 X100.0 Z100.0；

　　T0303；　　　　　　　　　　　　转外切槽刀，刀宽 3mm

　　S600；

　　G00 X46.0 Z-27.0；

　　G75 R0.3；　　　　　　　　　　切槽循环，槽底留 0.3mm 精加工余量

　　G75 X34.3 Z-29.0 P1500 Q1000 F80；

　　G01 X44.0 Z-25.0 F80.0；　　切槽的一个侧面

　　X34.0 Z-27.0；

　　X44.0；

　　Z-31.0；　　　　　　　　　　　切槽的另一个侧面

　　X34.0 Z-29.0；

　　X46.0；

　　G00 X100.0 Z100.0；

　　M30；

3. 车件 1 右端内轮廓的加工程序

O0003；

　　G98 G40 G21；

　　T0404；　　　　　　　　　　　　转内孔车刀，取新的 4 号刀补

　　G00 X100.0 Z100.0；

　　M03 S500；

　　G00 X19.0 Z2.0；

　　G71 U1.0 R0.5；　　　　　　　粗车内孔，S=500，F=100，a_P=1.0

　　G71 P30 Q40 U-0.3 W0.05 F100；

N30 G00 X27.0 F60 S1000；

　　G01 Z0.0；

　　X25.0 Z-1.0；

　　Z-10.0；

　　X22.7；

　　Z-22.0；

N40 X19.0；

　　G70 P30 Q40；　　　　　　　　精车内孔

　　G00 X100.0 Z100.0；

```
    T0505；                          转内切槽刀，刀宽等于槽宽
    S500；
    G00  X20.0  Z2.0；
    Z-22.0；
    G01  X25.0  F50；
    X20.0；
    G00  Z2.0；
    X100.0  Z100.0；
    T0606；                          转内螺纹车刀
    G00  X20.0  Z2.0；
    G76  P020560  Q50  R-0.05；
    G76  X24.1  Z-20.0  P900  Q300  F1.5；   按中径的公差中值，底径加大 0.1mm
    G00  X100.0  Z100.0；
    M30；
```

4. 加工组合件

采用 G71 循环与宏程序粗、精车组合件曲面轮廓，直径方向留 0.3mm 的精车余量。虽然该工件为内凹外形轮廓，但内凹距离（约 2mm）不是很大，因此，可以在 G71 循环的半精车过程中一次性切出内凹轮廓。在半精车至内凹部位时，可采用手动方式将进给倍率减小。

```
O0004；组合件曲面的粗、精车程序
    G98  G40  G21；
    T0101；
    G00  X100.0  Z100.0；
    M03  S600；
    G00  X47.0  Z2.0；
    G71  U1.5  R0.3；                粗车外形，F=200，S=600，a_p=1.5
    G71  P10  Q20  U0.3  W0.2  F200；
N10 G00  X0.0；
    G01  Z0.0；
    G03  X22.4  Z-6.8  R12.5；       用圆弧逼近椭圆轮廓
    G03  X32.5  Z-50  R61.6；
    G02  X44.0  Z-60.0  R8.0；
N20 X47.0；
    G00  X100.0  Z100.0；
    T0202；                          转外圆精车刀
    G00  X47.0  Z2.0；
    G50  S1800；                     限制最高转速为 1800r/min
```

```
G01  X0.0  F80  G96  S100;          恒线速度为100m/min

M98  P0005;                          调用宏程序

G02  X44.0  Z-60.0  R8.0;

G97  G00  X100.0  Z100.0;           恒转速

M30;
```

5. 宏程序编程

用宏指令编写子程序。椭圆方程为 $X^2/18^2+(Z+35)^2/35^2=1$，采用宏程序编写加工椭圆的程序时，以 Z 作为自变量，X 作为应变量。宏程序编程时，使用以下变量进行运算。#100 椭圆公式中的 Z 坐标值（椭圆编程中的 Z 坐标值已与公式中的 Z 坐标值相同）。

#101   椭圆公式中的 X 坐标值。

#102   椭圆编程中的 X 坐标值，其值为椭圆公式中的 X 坐标值的 2 倍。

```
O0005;

#100=0.0;

#102=0.0;

N10  G01  X #102  Z #100;

#100=#100- 0.1;

#110=[#100+35.0]*[#100+35.0]/[35.0*35.0];

#101=SQRT[[1.0-#110]*[18.0*18.0]];

#102=#101*2.0;

IF  [#102 GE -50.0]  GOTO 10;

M99;
```

三、上机床调试程序并加工零件

四、修正尺寸并检测零件

参 考 文 献

1. 陈健. 车工技能实训. 北京：人民邮电出版社，2006.

2. 周晓宏. FANUC 系统数控车加工工艺与技能训练. 北京：人民邮电出版社，2009.

3. 陈志雄. 数控机床与数控编程技术. 北京：电子工业出版社，2003.

4. 杨琳. 数控车床加工工艺与编程. 北京：中国劳动社会保障出版社，2005.

5. 任国兴. 数控车床加工工艺与编程操作. 北京：机械工业出版社，2006.

6. 李善术. 数控机床及其应用. 北京：机械工业出版社，2001.

7. 韩鸿鸾等. 数控车床的编程与操作实例. 北京：中国电力出版社，2006.

8. 张超英. 数控车床. 北京：化学工业出版社，2003.

9. 周晓宏. 数控车床操作技能考核培训教程（高级）. 北京：中国劳动社会保障出版社，2009.

10. 沈建峰. 数控车床编程与操作实训. 北京：国防工业出版社，2005.

11. 袁锋. 全国数控大赛试题精选. 北京：机械工业出版社，2005.